BEI GRIN MACHT SICH IHR
WISSEN BEZAHLT

D1795004

- Wir veröffentlichen Ihre Hausarbeit,
  Bachelor- und Masterarbeit

- Ihr eigenes eBook und Buch -
  weltweit in allen wichtigen Shops

- Verdienen Sie an jedem Verkauf

Jetzt bei www.GRIN.com hochladen
und kostenlos publizieren

Bibliografische Information der Deutschen Nationalbibliothek:

Die Deutsche Bibliothek verzeichnet diese Publikation in der Deutschen National-
bibliografie; detaillierte bibliografische Daten sind im Internet über http://dnb.d-
nb.de/ abrufbar.

Impressum:

Copyright © 2016 GRIN Verlag, Open Publishing GmbH
Druck und Bindung: Books on Demand GmbH, Norderstedt Germany
ISBN: 9783668455597

Dieses Buch bei GRIN:

http://www.grin.com/de/e-book/366375/einfluss-der-stoeremission-von-kfz-bord-
netzverbrauchern-auf-die-plc-datenuebertragung

Andreas Döbber

Aus der Reihe: e-fellows.net stipendiaten-wissen

e-fellows.net (Hrsg.)

Band 2348

Einfluss der Störemission von Kfz-Bordnetzverbrauchern auf die PLC-Datenübertragung in Abhängigkeit von Koppelnetzwerkstrukturen

GRIN Verlag

GRIN - Your knowledge has value

Der GRIN Verlag publiziert seit 1998 wissenschaftliche Arbeiten von Studenten, Hochschullehrern und anderen Akademikern als eBook und gedrucktes Buch. Die Verlagswebsite www.grin.com ist die ideale Plattform zur Veröffentlichung von Hausarbeiten, Abschlussarbeiten, wissenschaftlichen Aufsätzen, Dissertationen und Fachbüchern.

Besuchen Sie uns im Internet:

http://www.grin.com/

http://www.facebook.com/grincom

http://www.twitter.com/grin_com

Einfluss der Störemission

von Kfz-Bordnetzverbrauchern

auf die PLC-Datenübertragung

in Abhängigkeit von Koppelnetzwerkstrukturen

Masterarbeit

von

Andreas Döbber

Ausgabetermin: 10.06.2016

Abgabetermin: 12.12.2016

Arbeitsgebiet Bordsysteme

Technische Universität Dortmund

Überblick

Die rasante Entwicklung der Elektronik im Automobil-Bereich hat zur Folge, dass das Bordnetz heute mit zu den komplexesten und schwersten Komponenten im Kraftfahrzeug (Kfz) zählt. Die Powerline-Kommunikation (PLC) bietet in dieser Hinsicht den Vorteil, zusätzliche Kabel für eine Datenkommunikation einzusparen, indem die bereits vorhandenen Energieversorgungsleitungen für eine Übertragung benutzt werden, um so Kosten und Gewicht zu senken. In dieser Arbeit wird der Einsatz einer breitbandigen PLC-Technik im Kfz untersucht. Dazu werden die Störemissionen von Kfz-Bordnetzverbrauchern detailliert analysiert, um deren Störpotential im Bezug auf eine PLC-Übertragung zu bewerten. Darüber hinaus erfolgt eine Analyse der Übertragungseigenschaften eines Bordnetzes sowie eine Untersuchung von Koppelnetzwerkstrukturen, den Bindegliedern zwischen Bordnetz und PLC-Modem. Simulativ werden entscheidende Kriterien für eine zuverlässige und schnelle Datenübertragung ermittelt, die in einem Testaufbau messtechnisch verifiziert werden. Es zeigt sich, dass eine schnelle Datenübertragung bei äußerst geringen Signal-Rausch-Verhältnissen erzielt werden kann, wenn niederohmige Verbraucher im Bordnetz von den PLC-Signalen entkoppelt werden.

Inhaltsverzeichnis

Inhaltsverzeichnis   **I**

Nomenklatur   **III**

1. Einleitung   **1**

   1.1. Motivation und Zielsetzung 1

   1.2. Aufbau und Struktur der Arbeit 2

2. Grundlagen   **3**

   2.1. Allgemeine Grundlagen zu Kommunikationssystemen 3

   2.2. Powerline Kommunikation 5

      2.2.1. Grundprinzip 5

      2.2.2. Geschichtliche Entwicklung 7

      2.2.3. Stand der Technik 9

   2.3. Vernetzung im Kraftfahrzeug 12

      2.3.1. Anforderungen an Bussysteme 12

      2.3.2. Überblick der Bussysteme 13

      2.3.3. Powerline Kommunikation im Kraftfahrzeug 15

3. Theoretische Analyse   **16**

   3.1. Kanalmodellierung 16

      3.1.1. Eigenschaften des Übertragungskanals 16

      3.1.2. Modellierung des Übertragungskanals 19

      3.1.3. Störungen im Bordnetz 23

   3.2. Entwurf der Koppelnetzwerkstrukturen 29

      3.2.1. Anforderungen an Koppelnetzwerke 29

      3.2.2. Kapazitive Kopplung 31

      3.2.3. Entkopplungsstrukturen 32

      3.2.4. Induktive Kopplung 36

   3.3. Simulationsergebnisse 39

      3.3.1. Eigenschaften der Übertragungsstrecke und Koppelnetzwerke 39

3.3.2. Eigenschaften der Entkopplungsstrukturen 42

3.3.3. Einfluss von Störungen 47

3.3.4. Ergebnis 51

4. Experimentelle Untersuchungen   **53**

4.1. Beschreibung der Testumgebung 53

4.1.1. Grundaufbau 53

4.1.2. PLC-Modem 54

4.1.3. Koppel- und Entkopplungsstrukturen 57

4.1.4. Rauschquellen 60

4.2. Experimentelle Ergebnisse 60

4.2.1. Übertragung bei weißem Rauschen 61

4.2.2. Übertragung bei impulsartigen Störungen 63

4.2.3. Messungen zu Entkopplungsstrukturen 65

4.2.4. Ergebnis 68

5. Zusammenfassung und Ausblick   **70**

Literaturverzeichnis   **VII**

Abbildungsverzeichnis   **XII**

Tabellenverzeichnis   **XV**

A. Messungen zum Grundaufbau   **XVI**

B. Messungen zum PLC-Modem   **XVIII**

Nomenklatur

Formelzeichen

Symbol	Kennzeichnung	Einheit
A	Spannungsamplitude	V
$\boldsymbol{a}$	Vektor zulaufender Wellen	$\frac{\text{V}}{\sqrt{\Omega}}$
a	Formfaktor von Impulsen	Hz
$\boldsymbol{b}$	Vektor ablaufender Wellen	$\frac{\text{V}}{\sqrt{\Omega}}$
b	Formfaktor von Impulsen	Hz
B	Bandbreite	Hz
B_{sat}	Sättigungsflussdichte	T
c_n	Koeffizienten einer Fourier Reihe	
C	Kanalkapazität	bit/s
C_{c}	Koppelkapazität	F
C_{d}	Entkoppelkapazität	F
f_0	Resonanzfrequenz	Hz
f_{g}	Grenzfrequenz	Hz
f_{p}	Pseudofrequenz einer gedämpften Schwingung	Hz
Γ_{in}	Reflexionsfaktor am Eingang	
Γ_{L}	Reflexionsfaktor an der Last oder Senke	
Γ_{S}	Reflexionsfaktor an der Quelle	
H	Übertragungsfunktion	
I_{sat}	Sättigungsstrom	A
l	mittlere geometrische Weglänge eines Ringkerns	m
l_{eff}	mittlere effektive Weglänge eines Ringkerns	m
l_{gap}	Länge eines Luftspalts	m
L_0	Induktivität ohne Kernmaterial	H
L_{d}	Entkoppelinduktivität	H
$L_{i\sigma}$	Streuinduktivität	H
$L_{i\text{h}}$	Hauptinduktivität	H
N	Wicklungszahl einer Spule	

R_i	Innenwiderstand	Ω
t_1	Zykluszeit bei einem Burst Impuls	s
t_d	Pulsbreite eines Impulses	s
t_r	Anstiegszeit eines Impulses	s
$\ddot{u}$	Übersetzungsverhältnis	
U_h	hinlaufende Spannungswelle	V
U_L	Spannung an einer Last oder Senke	V
U_r	rücklaufende Spannungswelle	V
U_S	Spannung einer Signalquelle	V
$\boldsymbol{S}$	Streumatrix	
Z_0	Bezugsimpedanz	Ω
Z_d	Entkoppelimpedanz	Ω
Z_L	Impedanz einer Last	Ω
Z_S	Impedanz einer Quelle	Ω
Z_W	Wellenwiderstand	Ω

Abkürzungen

BPSK	Binary Phase Shift Keying
CAN	Controller Area Network
ECU	Electronic Control Unit
EMV	Elektromagnetische Verträglichkeit
HF	Hochfrequenz
Kfz	Kraftfahrzeug
LIN	Local Interconnect Network
LLC	Logical Link Control
MAC	Media Access Control
MnZn	Mangan Zink
MOST	Media Oriented System Transport
NiZn	Nickel Zink
OFDM	Orthogonal Frequency-Division Multiplexing
PLC	Powerline Communication
QAM	Quadrature Amplitude Modulation
QPSK	Quadrature Phase Shift Keying
RBW	Resolution Bandwidth
S-FSK	Spread Frequency Shift Keying
SNR	Signal-to-Noise Ratio
VBW	Video Bandwidth

1. Einleitung

1.1. Motivation und Zielsetzung

Die Powerline-Kommunikation (PLC) gewinnt immer mehr an Bedeutung als eine Alternative zu herkömmlichen Kommunikationssystemen. Überall dort, wo die Installation eines drahtgebundenen Kommunikationssystems zu aufwendig oder zu kostspielig ist, kommt die PLC-Technologie zum Einsatz, die die vorhandenen Energieversorgungsleitungen für eine Datenübertragung nutzt. Vor allem bei der Vernetzung von Haushaltsgeräten und Energiezählern über die Nieder- und Mittelspannungsnetze spielt die PLC heute eine entscheidende Rolle. Schlagworte sind in diesem Zusammenhang „SmartGrid" und „SmartHome". Zudem ist die Technologie heute so leistungsfähig, dass sie unter dem Begriff dLAN als Alternative zum drahtlosen Netzwerk WLAN Verwendung findet.

Diese rasante Entwicklung ist der Grund, warum PLC für den Automobil-Bereich interessant geworden ist. Die Entwicklung geht dahin, dass im Fahrzeug immer mehr Steuergeräte, Aktoren und Sensoren über schnelle Kommunikationssysteme miteinander vernetzt sind. Mehr als 80 % der Innovationen beziehen sich auf diese Elektronik [1]. Die Vernetzung wird heute über Eindrahtleitungen, verdrillte Zweidrahtleitungen oder teilweise Lichtwellenleiter realisiert. Die Folge ist, dass der Kabelbaum, mit einer Länge von mehr als 4 km [1], mit zu den teuersten, komplexesten und schwersten Komponenten im Kraftfahrzeug (Kfz) gehört. Die PLC-Technologie bietet in diesem Zusammenhang die Möglichkeit, Kosten, Gewicht und infolgedessen Treibstoff einzusparen, indem die Spannungsversorgungsleitungen als Kommunikationskanal benutzt werden.

In [2], [3] und [4] ist untersucht worden, wie PLC im Kfz implementiert werden kann. Bei diesen Arbeiten sind Verfahren verwendet worden, die nur einen schmalen Frequenzbereich nutzen. Der Vorteil liegt dabei in der einfachen Implementierung und den geringen Kosten, was es dem Unternehmen YAMAR Electronics ermöglicht hat, die ersten PLC-Modems für den Automobil-Bereich auf den Markt zu bringen [5]. Die Verwendung eines breiten Frequenzbereichs für die PLC-Datenübertragung ist in [6] und [7] untersucht worden. Des Weiteren finden sich Veröffentlichungen, die ein an die PLC-Technologie angepasstes, alternatives Bordnetz vorschlagen [8], [9] oder PLC innerhalb der Antriebsbatterien von Elektrofahrzeugen für Diagnosezwecke verwenden [10]. Die Übertragungseigenschaften und Störungen eines Bordnetzes, deren Kenntnis unabdingbar für den Entwurf einer PLC ist, sind detailliert in [11], [12], [2], [13] sowie [14] analysiert worden.

Untersuchungen zu Koppelnetzwerkstrukturen, den Bindegliedern zwischen PLC-Modem und Energieleitung, finden sich in [15] sowie [16] und sind an eine differentielle Leitung beziehungsweise an eine Motor-Umrichter-Verbindung durchgeführt worden. Wie die Eigenschaften verschiedener Koppelnetzwerke bei einer breitbandigen PLC-Übertragung in einem Bordnetz sind, ist bislang nicht ausführlich untersucht worden. Aus diesem Grund beschäftigt sich diese Arbeit mit der Fragestellung, inwieweit verschiedene Koppelnetzwerkstrukturen Einfluss auf die PLC-Datenübertragung in einem Bordnetz nehmen. Insbesondere werden dabei die Störemissionen von Kfz-Bordnetzverbrauchern und deren Auswirkungen auf die Zuverlässigkeit der PLC untersucht. Die Ergebnisse aus Simulationen werden hierbei in einer Testumgebung verifiziert.

1.2. Aufbau und Struktur der Arbeit

Im Kapitel 2 werden Grundlagen erläutert, die für das weitere Verständnis wichtig sind. Dabei wird beschrieben, wie ein Kommunikationssystem aufgebaut ist, um daraufhin die Powerline-Technologie im Detail vorzustellen. Außerdem erfolgt ein Überblick über Kommunikationssysteme in einem Kfz und die Einordnung der PLC in diesem Gebiet.

Kapitel 3 stellt die theoretischen Untersuchungen vor, die sich mit den Kanaleigenschaften eines Bordnetzes und den Koppelnetzwerkstrukturen beschäftigen. Außerdem wird analysiert, inwieweit Störungen, Koppelnetzwerke und unterschiedliche Bordnetzkonfigurationen Einfluss auf die PLC-Übertragung nehmen.

Diese Analysen werden im Kapitel 4 messtechnisch verifiziert. Dazu wird zunächst die Testumgebung inklusive der verwendeten PLC-Modems näher erläutert, um im Anschluss die Ergebnisse der Untersuchungen vorzustellen.

Abschließend werden die Resultate dieser Arbeit in Kapitel 5 zusammengefasst und bewertet.

2. Grundlagen

In diesem Kapitel sollen zunächst einige Grundbegriffe erläutert werden. Dazu werden zu Beginn die Grundlagen eines Kommunikationssystems beschrieben. Darauf aufbauend wird das Prinzip der Powerline Kommunikation aufgezeigt, ebenso der geschichtliche Hintergrund und der heutige Stand der Technik. Im letzten Abschnitt wird erläutert, wie sich die Powerline Kommunikation in die Vernetzung im Kraftfahrzeug einbringen kann und welche Anforderungen erfüllt sein müssen, um als Ergänzung oder Alternative zu den heute gebräuchlichen Bussystemen bestehen zu können.

2.1. Allgemeine Grundlagen zu Kommunikationssystemen

Um Daten aus einer Nachrichtenquelle über ein Übertragungskanal zu einer Nachrichtensenke zu versenden, sind unterschiedliche Komponenten erforderlich [17]. Diese sind schematisch in Abbildung 2.1 dargestellt.

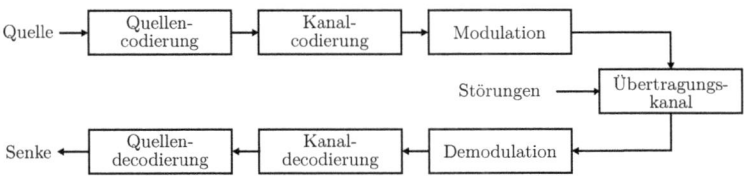

Abbildung 2.1: Wichtige Komponenten eines Übertragungssystems (in Anlehnung an [17, Bild 1-3])

Im Sendezweig findet zunächst eine Quellencodierung statt. Die von der Quelle bereitgestellte Nachricht wird hier in eine geeignete Form gebracht. Häufig beinhaltet dies eine Digitalisierung der Daten und die Reduzierung der Redundanz, um eine möglichst hohe Übertragungseffizienz zu erreichen. Anschließend wird in der Kanalcodierung wiederum gezielt Redundanz in die Daten eingefügt, was offenkundig zu einer Abnahme der Datenrate und Übertragungseffizienz führt. Auf diese Weise können jedoch später Übertragungsfehler, verursacht durch Verzerrungen oder Störungen im Kanal, am Empfänger erkannt und gegebenenfalls korrigiert werden. Die Modulation schließlich ist die Schnittstelle zwischen dem digitalen Datenstrom und dem analogen Signal auf dem physikalischen Kanal. Hier wird aus den binären Daten ein analoges Signal erzeugt, das eine bestimmte spektrale Form aufweist, die an die Eigenschaften des Übertragungskanals und an den Anforderungen an das Kommunikationssystem angepasst ist. Einflussfaktoren für den Entwurf des Modulators sind zum Beispiel das verfügbare Frequenzband, die frequenzabhängige Dämpfung und Phasenverschiebung des Kanals, die spezifischen Störeinflüsse, die Wirtschaftlichkeit und die Elektromagnetische Verträglichkeit (EMV), sofern die störungsfreie Koexistenz mit anderen Systemen gefordert ist. Wenn demgegenüber eine Übertragung im Basisband vorgesehen ist, so treten an Stelle des Modulators eine Leitungscodierung und Impulsformung; ebenfalls mit dem Ziel der spektralen Formung, um zum Beispiel den Gleichanteil zu unterdrücken oder die Bandbreite zu begrenzen. Bei der Leitungscodierung wird die Bitfolge geeignet dargestellt und der Impulsformer erzeugt – analog zur Modulation – ein an den Übertragungskanal angepasstes analoges Signal.

Die maximal mögliche Datenrate wird dabei wesentlich vom Übertragungskanal bestimmt. Wird ein Kanalmodell zugrunde gelegt, das durch additives weißes gaußsches Rauschen gekennzeichnet ist, so gilt die mathematische Formulierung der shannonschen Kanalkapazität C (in bit/s) [17].

$$C = B \log_2 \left(1 + \frac{S}{N} \right) \tag{2.1}$$

Dabei ist B die Bandbreite des Kanals und $\frac{S}{N}$ das Verhältnis aus Signalleistung S und Störleistung N, auch als Signal-Rausch-Verhältnis (SNR) bezeichnet. Um diese maximale Bitrate in der Praxis zu erreichen, bedarf es der möglichst fehlerfreien Rekonstruktion der gesendeten Nachricht im Empfangszweig. Im ersten Schritt versucht der Demodulator, beziehungsweise Detektor bei einer Basisbandübertragung, aus dem verrauschten und verzerrten analogen Signal einen binären Datenstrom zu rekonstruieren, was teilweise einen hohen Aufwand erfordert, denn abhängig von den Kanaleigenschaften sind Techniken erforderlich, die sich zum Beispiel adaptiv an den Kanal anpassen. Im zweiten Schritt sorgt der Kanaldecodierer für eine Fehlererkennung und Fehlerkorrektur, sodass der Quellendecodierer eine fehlerfreie Nachricht wiederherstellen kann. Wenn jedoch Fehler erkannt und nicht korrigiert werden können, muss der Sender die Nachricht erneut abschicken, was je nach Anwendung unterschiedlich realisiert werden kann.

Eine weitere Möglichkeit, die Struktur eines Kommunikationssystems zu charakterisieren, ist das OSI-Referenzmodell [17], ein hierarchisches Architekturmodell, bestehend aus

sieben Funktionseinheiten oder Schichten. Die unterste Schicht ist die Bitübertragungs-
schicht, auch PHY-Layer genannt (kurz für Physical Layer). Hier sind der Modulator und
Demodulator anzusiedeln, die die physikalische Übertragung der binären Daten sicherstel-
len. Die zweite Schicht ist die Datensicherungsschicht, die zumeist in zwei Unterschichten
aufgeteilt wird: Der untere MAC-Layer (Media Access Control) regelt den Zugriff auf das
Übertragungsmedium, um Datenkollisionen zu vermeiden; der obere LLC-Layer (Logical
Link Control) legt den Aufbau des Datenrahmens (Frame) fest, bietet eine Fehlerkorrektur
mit Hilfe des Kanalcodierers und regelt gegebenenfalls automatische Wiederholungsanfra-
gen an den Sender im Falle eines fehlerhaft empfangenen Frames. Die weiteren Schichten
organisieren den Verbindungsaufbau und eine Ende-zu-Ende-Verbindung, bis schließlich
auf den oberen drei Schichten anwendungsbezogene Dienste vorzufinden sind, zu der unter
anderem der Quellencodierer gehört.

Mit Hilfe dieser Grundbegriffe wird in dem nächsten Abschnitt die Funktionsweise der
Powerline Kommunikation näher erläutert.

2.2. Powerline Kommunikation

Der Vorteil der Powerline-Kommunikation (PLC) ist, dass bestehende Energieübertra-
gungsleitungen als Medium für eine Datenkommunikation genutzt werden können. Zusätzliche Kabel für die Datenübertragung sind demnach nicht nötig, wodurch eine Reduzierung der Kosten, des Verkabelungsaufwands und – was vor allem im Automobil-
Bereich von Bedeutung ist – des Gewichts erzielt werden kann. Im Folgenden werden die
Grundlagen und die Geschichte sowie der heutige Stand der Technik der PLC behandelt.

2.2.1. Grundprinzip

Die Grundidee der PLC ist, dass ein höherfrequentes Datensignal dem Energiesignal (z.B.
230 V, 50 Hz) aufmoduliert wird. Am Empfänger kann durch ein entsprechendes Bandpassfilter das aufmodulierte Signal vom Energiesignal getrennt werden, sodass eine De-
modulation und Decodierung erfolgen kann. Bei der Überlagerung des Datensignals mit
dem Energiesignal wird prinzipiell zwischen zwei Kopplungsarten unterschieden.

Die gebräuchlichen kapazitiven Koppler [18] verbinden die Energieleitung und das PLC-
Modem mit einem Kondensator, sodass die hochfrequenten Datensignale passieren kön-

nen, das niederfrequente Energiesignal jedoch geblockt wird. Häufig wird dabei außerdem von einem Übertrager Gebrauch gemacht, der für eine galvanische Trennung sorgt
und, zusätzlich mit entsprechenden Schutzdioden, einen Transientenschutz bietet, der auf
Grund möglicher Störungen im Energienetz beziehungsweise Bordnetz gewöhnlicherweise
von Nöten ist. Außerdem kann über das Übersetzungsverhältnis eine Impedanzanpassung
zwischen PLC-Modem und Energieleitung vorgenommen werden. Das Modell eines Modems besteht näherungsweise aus einer Signalquelle mit einem Innenwiderstand. Durch
eine Anpassung des Innenwiderstandes an den Wellenwiderstand der Energieleitung erreicht die übertragbare Leistung ihr Maximum und Signalreflexionen werden minimiert.
Dies führt zu einer höheren Übertragungsqualität, da die Impulsantwort auf Grund weniger Reflexionen kürzer ist, sodass auch die zu übertragenden Symbole kürzer sein können.
Dies erlaubt eine höhere Datenrate. Das Sendesignal aus dem PLC-Modem wird in der
Regel verstärkt, bevor es über den Übertrager und Kondensator auf die Energieleitung
gelangt. Direkt vor dem A/D-Wandler des Empfänger-Modems sorgt zumeist ein Bandpass-Filter für die Dämpfung aller Frequenzen außerhalb des definierten Spektrums der
Datensignale. Die kapazitive Kopplung hat den Vorteil der einfachen Bauweise und kostengünstigen Bauelemente. Der Umstand der parallelen Anbindung an die Energieleitungen
hat jedoch den Nachteil, dass kleine Lastimpedanzen am Energienetz eine hohe Dämpfung
der Datensignale bewirken.

Die induktiven Koppler [18] dagegen sind seriell zu den elektrischen Lasten eingebaut
und eignen sich aus ebendiesem Grund insbesondere für geringe Lastimpedanzen, wie
es zum Beispiel in Mittelspannungsnetzen der Fall ist. Es werden spezielle Übertrager
verwendet, deren Primärwicklung mit dem PLC-Modem und Sekundärwicklung mit der
Energieleitung verbunden ist. Häufig werden Ringkerne um die Energieleitung gelegt,
sodass die Sekundärseite des Übertragers eine Wicklung der Energieleitung ist. Die Windungszahl der Primärseite bestimmt sich aus der Forderung der Impedanzanpassung. Die
Datensignale werden im Prinzip als Strom in die Energieleitungen eingeprägt. Auch bei
der induktiven Kopplung sind – analog zur kapazitiven Kopplung – meist ein Transientenschutz, Bandpass und Verstärker vorzufinden.

Abbildung 2.2 zeigt den schematischen Aufbau der kapazitiven und induktiven Kopplung. Je nach Anwendungsanforderungen wird von einem zweiten Kondensator beziehungsweise zweiten seriellen Übertrager an der anderen Energieleitung Gebrauch gemacht.

Des Weiteren besteht die Möglichkeit von Konditionierungsmaßnahmen am Übertragungskanal, um die Kanaleigenschaften in gewissen Grenzen zu beeinflussen [18]. Bei der kapazitiven Kopplung können zum Beispiel Lasten durch einen Tiefpass entkoppelt werden, sodass die hochfrequenten Datensignale weniger gedämpft werden. Um die Signalqualität bei der induktiven Kopplung zu verbessern, kann beispielsweise einseitig ein Kondensator zwischen den Energieleitungen gelegt werden, um durch den so entstehenden Hochfrequenz-Kurzschluss (HF-Kurzschluss) die Signalflussrichtung vorzugeben.

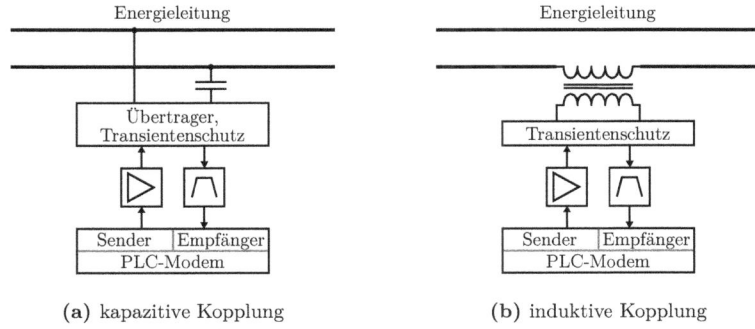

(a) kapazitive Kopplung   (b) induktive Kopplung

Abbildung 2.2: Kopplungsarten für die Überlagerung des Datensignals mit dem Energiesignal

Bezüglich der Bandbreite des modulierten Datensignals wird zwischen zwei Gruppen unterschieden [18], [19]: Zum Einen die schmalbandige PLC, die vor allem im Niederfrequenzbereich (meist in einem Teilbereich von 9 bis 490 kHz) eine relativ schmale Bandbreite besetzt und Datenraten von einigen kbit/s erzielt; und zum Anderen die breitbandige PLC, die überwiegend in einem breiten Frequenzbereich von 1 bis 80 MHz arbeitet und Datenraten von teilweise bis zu 1,5 Gbit/s erreicht.

2.2.2. Geschichtliche Entwicklung

Von der Idee der Datenübertragung auf Energieversorgungsleitungen wurde schon 1920 Gebrauch gemacht. Die Trägerfrequenztechnik auf Hochspannungsleitungen war die erste schmalbandige PLC-Technologie. Das so erschaffene Nachrichtennetz wurde für die Betriebsführung und Überwachung des Hochspannungsnetzes verwendet. Unter optimalen Bedingungen konnten mit einer Sendeleistung von 10 W Strecken von bis zu 900 km überbrückt werden [19]. Auf Nieder- und Mittelspannungsebene wurde etwa 10 Jahre später die Tonfrequenzrundsteuertechnik eingeführt, die als erstes Ziel die Lastverteilung hatte. Energieversorgungsunternehmen konnten so Stromverbraucher zum Beispiel mit Hilfe von Ein- und Ausschaltkommandos fernsteuern; extreme Lastspitzen wurden vermieden.

Heutzutage werden neben der schmalbandigen PLC-Technologie auch breitbandige Modems verwendet, um ein noch schnelleres Kommunikationsnetz zwischen Verbraucher und Erzeuger zu verwirklichen. Dieses so erschaffene „SmartGrid" ist auf Grund des zunehmenden Anteils dezentraler Energieerzeuger notwendig und ermöglicht einen besseren Ausgleich von Angebot und Nachfrage nach Strom. Auch wird die PLC-Technologie für die Ladekommunikation zwischen Elektroauto und Ladesäule verwendet, wodurch der Bezahlvorgang abgewickelt wird und der Ladevorgang an die Situation des Energiemarktes angepasst werden kann, um als stabilisierendes Element im Energienetz zu wirken [20].

Der Etablierung von PLC-Modems für den Heimgebrauch standen die noch vergleichsweise niedrigen Datenraten im Weg, denn die Entwicklung leistungsfähigerer PLC-Modems mit schnelleren Datenraten ist nicht trivial. Energieleitungen sind nicht für eine Datenkommunikation ausgelegt und weisen daher eine hohe, teils stark frequenzselektive Dämpfung und viele Störungen auf. Erst bessere Kanalcodierer, effizientere Modulationsverfahren und die Nutzung eines breiten Frequenzbandes haben zu Datenraten geführt, die vergleichbar mit WLAN sind, teilweise sogar höher. Heutzutage können unter optimalen Bedingungen Datenraten von bis zu 1,5 Gbit/s erzielt werden, sodass PLC hier unter dem Begriff dLAN (direct LAN) als eine Alternative zu WLAN zu sehen ist.

Alles in allem erfreut sich PLC einer wachsenden Beliebtheit. Immer mehr Untersuchungen und Veröffentlichungen beschäftigen sich mit PLC: Beispielsweise die Erforschung weiterer Anwendungsgebiete, wie die Überwachung von Lithium-Ionen-Zellen in Antriebsbatterien von Elektrofahrzeugen mittels PLC [10] oder die Anwendung der PLC-Technologie in der Luft- und Raumfahrt [21], [22]. Des Weiteren sind bereits erste PLC-Transceiver für den Automobil-Bereich auf dem Markt [5], [23]. Einen Überblick über diese sowie weitere PLC-Technologien soll der nächste Abschnitt geben.

2.2.3. Stand der Technik

Eine Vielzahl an unterschiedlichen PLC-Technologien ist derzeit auf dem Markt erhältlich. Tabelle 2.1 gibt eine kurze Übersicht über die wichtigsten PLC-Technologien.

Technologie	Frequenzbereich	Max. Datenrate
HomePlug 1.0	4,5-21 MHz	14 Mbit/s
HomePlug AV	1,8-30 MHz	200 Mbit/s
HomePlug AV 2.0	1,8-86,13 MHz	1,5 Gbit/s
HomePlug Green PHY	1,8-30 MHz	10 Mbit/s
HD-PLC	2-28 MHz	240 Mbit/s
G.hn	1,8-80 MHz	1 Gbit/s
Prime, G3, IEC 61334	9-490 kHz [1]	7-2400 kbit/s [1]
DC-BUS	5 MHz	1,3 Mbit/s

[1] angegeben ist maximale Spanne, je nach Anwendung andere Frequenzbereiche und Datenraten

Tabelle 2.1: Übersicht über die wichtigsten PLC-Technologien

Bei der breitbandigen PLC ist HomePlug eine sehr wichtige Marke für PLC-Spezifikationen. Die HomePlug Powerline Allianz wurde im Jahr 2000 gegründet und fast 280 unterschiedliche Produkte, spezifiziert nach HomePlug, kontrollieren über 90 % des Marktes für die Breitband-Inhouse-PLC (Stand 2012 [24]). Hauptanwendungsgebiet ist die Errichtung eines Heimnetzwerks über die vorhandenen Stromleitungen, die in diesem Fall kapazitiv an das PLC-Modem gekoppelt werden. Ziel ist eine schnelle Datenübertragung in Gebäuden, in denen die Verlegung neuer Kabel zu teuer oder aufwändig ist und drahtlose Techniken wegen einer geringen Reichweite nicht in Frage kommen. Die verschiedenen HomePlug Spezifikationen richten sich nach dem Standard für die Breitband-PLC (IEEE 1901), arbeiten in erster Linie in dem Frequenzbereich von 1,8 bis 30 MHz und verwenden Orthogonal Frequency-Division Multiplexing (OFDM) als Modulationsverfahren [24]. OFDM [17] ist ein Frequenzmultiplexverfahren, das mehrere Subträger im Frequenzspektrum benutzt, die orthogonal zueinander sind, damit diese sich nicht gegenseitig stören. Der digitale Datenstrom wird auf diese Subträger aufgeteilt und einzeln moduliert, sodass bezüglich der Frequenz eine parallele Datenübertragung stattfindet. Der Vorteil ist die Robustheit gegenüber schmalbandigen Störungen, denn es wird nur ein Teil der Daten gestört – im Gegensatz zu schmalbandigen Modulationen, wie zum Beispiel die

Amplitudenumtastung, bei denen die gesamten Daten bei einer Störung fehlerbehaftet sind. Dadurch kann der Kanaldecodierer am Empfänger in vielen Fällen die nur teilweise fehlerhafte Nachricht korrigieren. Ein weiterer Vorteil von OFDM ist, dass bestimmte Subträger ausgeschaltet werden können. Auf diese Weise werden gültige EMV-Spezifikationen eingehalten und bestimmte Frequenzbänder von der Übertragung ausgeschlossen, wie zum Beispiel das für CB-Funk reservierte Band.

Der mittlerweile überholte HomePlug 1.0 Standard nutzt 84 orthogonale Subträger, die jeweils die BPSK- (Binary Phase Shift Keying) oder QPSK-Modulation (Quadrature Phase Shift Keying) einsetzen, um die digitalen Daten auf die einzelnen Träger zu modulieren [18]. Bei diesen beiden Modulationsverfahren können nur ein beziehungsweise zwei Bits pro Symbol und Träger übertragen werden, weshalb HomePlug 1.0 nur Datenraten von bis zu 14 Mbit/s erzielt. HomePlug AV verwendet Modulationsverfahren, die bis zu 10 Bits pro Symbol übertragen können (1024-QAM (Quadrature Amplitude Modulation)) und einen erweiterten Frequenzbereich von 1,8-30 MHz mit 1155 Trägern nutzen, sodass Datenraten von 200 Mbit/s erreicht werden [24]. Weitere Verbesserungen in der Modulation und eine Erweiterung des Frequenzbandes sowie die zusätzliche Nutzung der Schutzerde in der Hausinstallation ermöglichen dem neusten HomePlug AV 2.0 Standard Datenraten von theoretisch 1,5 Gbit/s [24]. Neben diesen schnellen Standards existiert der auf HomePlug AV basierende, äußerst robuste Green PHY Standard, der wegen ausgeklügelter Fehlerkorrekturverfahren im Kanalcodierer und einer einfachen QPSK-Modulation Datenraten von nur 10 Mbit/s erreichen kann [24]. Angesichts des Hauptanwendungsgebiets der Ladekommunikation zwischen Elektroauto und Ladesäule ist dies jedoch völlig ausreichend. Innerhalb des Standards für das intelligente Laden (ISO 15118) wurde Green PHY bereits als Basistechnologie für die Ladekommunikation festgeschrieben [20].

Eine Variante von HomePlug ist die von Panasonic entwickelte HD-PLC-Technologie, die auch dem Standard für die Breitband-PLC (IEEE 1901) entspricht. Der Hauptunterschied zu HomePlug ist das Modulationsverfahren: Wavelet-OFDM bietet gegenüber der konventionellen OFDM eine höhere Übertragungseffizienz aufgrund einer besseren Ausnutzung des Frequenzbandes durch Orthogonalitäten sowohl im Frequenz- als auch im Zeitbereich [25]. Ein weiterer Standard für Breitband-Inhouse-PLC ist der vom Home-Grid-Forum unterstützte G.hn Standard. In einem Frequenzbereich von 1,8-80 MHz können mit Hilfe der konventionellen OFDM-Modulation Datenraten von bis zu 1 Gbit/s erreicht werden [26].

Bei den Schmalband-Technologien dominieren die Standards G3, Prime und IEC 61334 [18]. Hauptanwendungsgebiet ist bei diesen Standards im „SmartGrid"-Umfeld zu sehen. G3 und Prime verwenden als Modulation OFDM; IEC 61334 das Spread Frequency Shift Keying (S-FSK). Das verwendete Frequenzband ist zum Einen von der Region abhängig – und damit von der zuständigen Standardisierungsorganisation (CENELEC für Europa, ARIB für Japan oder FCC für die USA) – und zum Anderen von der konkreten Anwendung. Infolgedessen bewegt sich das Frequenzband zumeist in einem Bereich von 9 bis 490 kHz und die maximalen Datenraten reichen von 7 kbit/s bis 2,4 Mbit/s.

Unter den Schmalband-PLC-Technologien lassen sich zudem die auf dem Markt befindlichen PLC-Modems einordnen, die für den Automobil-Bereich entwickelt worden sind. Die Entwicklung begann mit der im Jahr 2001 gegründeten DC-BUS Allianz (DCBA) [27], nach der auch die PLC-Technologie benannt ist. DC-BUS ist ein Einträgerverfahren, das in den meisten Fällen die Trägerfrequenz 5 MHz für eine Phasenmodulation benutzt. Die einfache Modulation ist die Konsequenz aus der Forderung nach besonders preiswerten Modems. Die Modems des Unternehmens YAMAR Electronics, Mitbegründer des DCBA-Konsortiums, erzielen heute Datenraten von bis zu 1,3 Mbit/s mit einer QPSK-Modulation [28]. Verschiedene EU-Projekte haben bereits den Einsatz dieser PLC-Modems unter Beweis gestellt, sowohl in der Automobil- als auch in der Luftfahrt-Branche [5]. Neben diesen PLC-Modems sind auf dem Markt ferner konkrete Anwendungen für den Endkunden zu finden. So bietet das Unternehmen PFK Electronics ein Rückfahrkamera-System für Wohnanhänger an, das bestehende Stromleitungen im Anhänger und die Anhängersteckdose für eine Videoübertragung nutzt, sodass kein aufwendiges Verlegen neuer Kabel nötig ist [23].

Wie die Vernetzung in einem Automobil im Allgemeinen aufgebaut ist, welche Anforderungen bestehen und was die Herausforderungen einer Powerline Kommunikation im Kraftfahrzeug sind, das soll der folgende Abschnitt erläutern.

2.3. Vernetzung im Kraftfahrzeug

Die stetige Zunahme an elektronischen Komponenten im Kraftfahrzeug hat dazu geführt, dass die Vernetzung mit zu den komplexesten und teuersten Baugruppen gehört [1]. Der Grund ist, dass die Umsetzung innovativer, systemübergreifender Funktionen einen Informationsaustausch und das Zusammenspiel vieler Einzelsysteme erfordert, was ausschließlich mit Hilfe verschiedener Kommunikationssysteme für die unterschiedlichen Anwendungen realisiert werden kann. Die nachfolgenden Abschnitte behandeln die Anforderungen an solche Kommunikationssysteme, geben einen Überblick über die wichtigsten Bussysteme und legen dar, welche Möglichkeiten und Herausforderungen die Powerline Kommunikation im Kfz, als eine Alternative oder Ergänzung zu den vorhandenen Bussystemen, mit sich bringt.

2.3.1. Anforderungen an Bussysteme

Neben wirtschaftlichen Kriterien gibt es eine Reihe technischer Randbedingungen bei der Auswahl eines Bussystems, die im folgenden kurz erläutert werden [29].

Die erforderliche Datenübertragungsrate ist je nach Anwendung sehr unterschiedlich. Sollen allein Steuerbefehle versendet werden, genügt eine Datenrate im kbit/s-Bereich; für Multimedia Anwendungen ist offenkundig eine deutlich höhere Datenrate notwendig. Bezüglich der Übertragungsrate sind verschiedene Klassen definiert worden, auf die im nächsten Unterkapitel näher eingegangen wird.

Eine weitere Anforderung an Bussysteme ist die Störsicherheit. Bei Komfortsystemen hat dieser Faktor einen eher geringen Stellenwert; bei sicherheitsrelevanten Funktionen, wie zum Beispiel das Anti-Blockier-System, muss ein hoher Aufwand innerhalb der Datensicherungsschicht des jeweiligen Bussystems betrieben werden, um den fehlerfreien Empfang der gesendeten Botschaft zu garantieren. Nichtsdestotrotz kann eine hohe Störsicherheit nicht bei gleichzeitig hoher Datenrate erfüllt werden, da die Fehlerkorrekturverfahren zu Lasten der Netto-Datenrate gehen.

Hinsichtlich der Echtzeitfähigkeit fordern wiederum die sicherheitsrelevanten Funktionen strenge Zeitvorgaben, da eine zu lange Reaktionszeit zu schwerwiegenden Problemen führen kann. Auch das Motormanagement stellt harte Echtzeitanforderungen für einen reibungslosen Betrieb des Motors. Bei Multimedia Anwendungen werden weiche Echtzeitanforderungen gefordert; gelegentliche Überschreitungen, die sich zum Beispiel durch kurzes Ruckeln des Videobildes bemerkbar machen, können akzeptiert werden. Bei allen anderen Systemen sind Verzögerungszeiten von 100 ms zufriedenstellend, da der Mensch diese nicht wahrnimmt.

Die Zahl der Netzknoten, die maximal von einem Bussystem verwaltet werden können, ist ein weiterer Aspekt eines Bussystems, weil eine Begrenzung der Teilnehmer seitens des Bussystems bei einer Vernetzung einer Vielzahl von Komponenten hinderlich sein kann. Andererseits führt eine hohe Teilnehmerzahl zu längeren Verzögerungszeiten, weil der konkurrierende Zugriff auf das Übertragungsmedium schwieriger ist.

Offensichtlich muss für jede Anwendung, die ihre spezifischen Anforderungen anhaftet, ein Kompromiss dieser oben aufgeführten Randbedingungen gefunden werden. Wie dies in den heute eingesetzten Bussystemen im Kfz realisiert ist, zeigt der nachfolgende Abschnitt.

2.3.2. Überblick der Bussysteme

In Tabelle 2.2 sind die wichtigsten, heute im Kfz eingesetzten Bussysteme zusammengefasst [29].

Bussystem	Anwendung	Datenrate	Klasse
LIN	Sensor- und Aktor-Anwendungen	20 kbit/s	A
Low-Speed-CAN	Karosserie- und Komfortelektronik	125 kbit/s	B
High-Speed-CAN	Vernetzung im Antriebsstrang	1 Mbit/s	C
FlexRay	aktive Sicherheitssysteme	10 Mbit/s	C+
MOST	Vernetzung im Multimedia-Bereich	150 Mbit/s	D

Tabelle 2.2: Übersicht über die im Kfz eingesetzten Bussysteme

Wie bereits erwähnt, sind in Abhängigkeit der Datenübertragungsrate verschiedene Klassen definiert. Der wichtigste Vertreter der Klasse A ist der LIN-Bus (Local Interconnect Network). Bei diesem Bussystem werden maximal 16 Sensoren, Aktoren und Steuergeräte in räumlicher Nähe mit Hilfe einer Eindrahtleitung in einer linearen Busstruktur miteinander verbunden. Der Buszugriff erfolgt deterministisch nach dem Master-Slave-Prinzip und die Datenraten liegen bei maximal 20 kbit/s.

Für die Karosserie- und Komfortelektronik (Klasse B) werden höhere Datenraten benötigt, die der Low-Speed-CAN (Controller Area Network) mit einer maximalen Übertragungsrate von 125 kbit/s bereitstellt. Im Antriebsstrang (Klasse C) erfüllt der High-Speed-CAN mit maximal 1 Mbit/s die erforderlichen sehr hohen Datenraten. Für die Verbindung der Steuergeräte im jeweiligen Anwendungsgebiet verwendet CAN im Allgemeinen eine verdrillte Zweidrahtleitung, auf die ein Differenzsignal die Botschaften übermittelt. Die differenzielle Datenübertragung macht dieses Bussystem robuster gegenüber Gleichtakt-störungen. Die Zweidrahtleitung baut eine lineare Busstruktur auf, wobei es auf Grund der höheren Datenrate von Bedeutung ist, dass beide Enden reflexionsfrei abgeschlossen sind. Kollisionen beim Buszugriff werden verhindert, indem bei einer Kollision derjenige Sender seinen Sendevorgang abbricht, dessen zu versendende Botschaft eine geringere Priorität aufweist, sodass der andere Sender die Botschaft fehlerfrei übermitteln kann. Ermöglicht wird diese Arbitrierungsphase mit Hilfe eines dominanten Bits (logisch 0), das das rezessive Bit (logisch 1) immer überschreibt.

Für aktive Sicherheitssysteme im Antriebsstrang wird häufig das durch schnelle Über-tragungsraten, hohe Zuverlässigkeit und Fehlertoleranz gekennzeichnete FlexRay einge-setzt. Auf physikalischer Ebene ähnelt es CAN: Eine verdrillte Zweidrahtleitung, die bei FlexRay allerdings auch geschirmt und in einer Sterntopologie angeordnet sein kann. FlexRay ist – im Gegensatz zum ereignisgesteuerten CAN und LIN – zeitgesteuert. Die Botschaften mit festen Zeitschlitzen variabler Breite für jeden Busteilnehmer werden zy-klisch versendet. Als Folge können feste Latenzzeiten garantiert werden, was FlexRay für Echtzeitanwendungen im Regelungsbereich interessant macht.

Die Übertragung von Video und Audio im Multimedia-Bereich (Klasse D) übernimmt häufig MOST (Media Oriented System Transport). Die Busteilnehmer kommunizieren hier in einer Ringtopologie mit einem Lichtwellenleiter, sodass Datenraten von bis zu 150 Mbit/s erzielt werden können. Auch MOST ist zeitgesteuert und verschickt zyklisch Pakete, die aufgeteilt werden in einen synchronen Kanal mit fixer Breite für Echtzeitdaten wie Videoübertragung und in einen asynchronen Kanal mit variabler Breite, zum Beispiel für Navigationsdaten.

Im nächsten Abschnitt wird erläutert, wie sich die Powerline Kommunikation als Alter-native oder Ergänzung zu den oben aufgeführten Bussystemen behaupten kann und was die Schwierigkeiten und Möglichkeiten sind.

2.3.3. Powerline Kommunikation im Kraftfahrzeug

Der Vorteil der Powerline Kommunikation im Kfz ist die Einsparung von Datenleitungen. Der mit zu den komplexesten und teuersten Baugruppen zählende Kabelbaum wird somit leichter, günstiger und übersichtlicher. Damit PLC herkömmliche Bussysteme ersetzen kann, muss ein besonderes Augenmerk auf die Störsicherheit und die damit zusammenhängende Datenrate gelegt werden, denn das nicht für die Datenkommunikation ausgelegte Bordnetz ist durch hohe Dämpfungen und eine Vielzahl an Störungen gekennzeichnet. Ein weiterer Vorteil der PLC ist die Realisierung von Nachrüstungen im Automobil ohne neue Verkabelung, wie es bei dem Rückfahrkamera-System des Unternehmens PFK Electronics der Fall ist [23]. Neben der Ersetzung eines Bussystems bietet PLC zudem das Potential, ein redundantes Kommunikationssystem zu schaffen [5], indem die Kommunikation über das Bordnetz als Rückfallebene für herkömmliche Bussysteme dient oder für Diagnosezwecke eingesetzt wird.

Die neueste Entwicklung des Unternehmens YAMAR, das PLC-Modem DCB1M [28], erreicht unter realen Bedingungen eine zuverlässige, fehlerfreie Kommunikation bei einer Datenrate von 600 kbit/s [30]. Damit können Bussysteme jedoch nur bis einschließlich der Klasse B betriebssicher ersetzt werden. Die theoretisch mögliche Datenrate des DCB1M liegt hingegen bei 1,3 Mbit/s, die allerdings mit relativ hohen Bitfehlerraten verbunden ist, aufgrund von Störungen auf dem Bordnetz. Ein weiteres Problem der PLC ist die maximale Zahl der Netzknoten. Bei herkömmlichen Bussystemen werden die vielen Teilnehmer an mehrere separate Bussysteme angeschlossen (zum Beispiel CAN-Antrieb, CAN-Kombi, CAN-Komfort, CAN-Infotainment), die über einen Gateway miteinander verbunden sind [29]. Bei der PLC ist diese Segmentierung in Subnetzwerke nicht ohne Weiteres möglich, da Veränderungen im Bordnetz nötig sind, um die PLC-Signale an bestimmten Stellen zu blockieren.

Die Powerline Kommunikation stellt für den Automobil-Bereich – trotz einiger Herausforderungen – dennoch eine interessante und innovative Technologie dar, deren Weiterentwicklung anzustreben ist. Daher wird in dieser Arbeit in den nächsten Kapiteln untersucht, wie robust und zuverlässig eine PLC-Übertragung in Gegenwart der von Bordnetzverbrauchern verursachten Störungen ist und inwiefern die Koppelnetzwerkstrukturen von PLC-Modems dabei eine Rolle spielen.

3. Theoretische Analyse

In diesem Kapitel werden theoretische Untersuchungen zur Abschätzung der PLC-Übertragungseigenschaften durchgeführt. Dazu werden im ersten Schritt die Umgebungsbedingungen für eine PLC-Datenübertragung näher betrachtet. Untersuchungen zu den Übertragungseigenschaften eines Bordnetzes ermöglichen den Aufbau eines geeigneten Bordnetzmodells, mit dessen Hilfe die Dämpfung der PLC-Signale simuliert wird. Außerdem
werden mögliche Störquellen in einem Bordnetz näher analysiert und bezüglich ihres Stör-
potentials bewertet. Im nächsten Schritt werden die Anforderungen an Koppelnetzwerkstrukturen definiert und auf Basis dessen die zwei möglichen Koppelnetzwerkvarianten
entworfen: die kapazitive und induktive Kopplung. Weiterhin werden Entkopplungsstrukturen genauer betrachtet. Simulationen zeigen abschließend die Potentiale und Grenzen
der PLC-Technologie im Kfz auf, die im Kapitel 4 messtechnisch verifiziert werden.

3.1. Kanalmodellierung

Die nachfolgenden Abschnitte behandeln die Eigenschaften eines typischen Bordnetzes.
Insbesondere werden relevante Faktoren erläutert, die für eine hochfrequente Datenübertragung von Bedeutung sind. Dazu zählen die Übertragungsfunktion des Bordnetzes sowie
typische Störquellen und deren Eigenschaften. Darüber hinaus wird ein Bordnetzmodell
für weitere Untersuchungen vorgestellt.

3.1.1. Eigenschaften des Übertragungskanals

Das Energiebordnetz eines Kfz umfasst die Batterie, den Generator, alle elektrischen
Verbraucher, darunter sämtliche Steuergeräte (Electronic Control Unit, ECU), Aktoren
und Sensoren, sowie die Verkabelung und Vernetzung all dieser Komponenten [29]. Um die
Spannungsversorgungsleitungen des Kabelbaums für eine Datenübertragung zu nutzen, ist
eine genaue Kenntnis der für HF-Anwendungen relevanten Eigenschaften unverzichtbar.

Eine wesentliche Eigenschaft der Leitungen ist der Leitungswellenwiderstand, mit dem
sich Aussagen über die Ausbreitung und Reflexion von Wellen treffen lassen. Bei einem

verlustlosen Kabel, was bei Frequenzen oberhalb 10 kHz angenommen werden kann, ergibt sich der Wellenwiderstand Z_W aus dem Induktivitäts- und Kapazitätsbelag L' und C' [31].

$$Z_\mathrm{W} = \sqrt{\frac{L'}{C'}} \qquad (3.1)$$

Die Kenntnis dieser Größe kann für eine Impedanzanpassung der PLC-Modems verwendet werden. Dafür muss der Innenwiderstand R_i des Modems dem Wellenwiderstand Z_W der Leitung entsprechen. Wenn dies erreicht werden kann, treten keine störenden Reflexionen auf, was an folgender Formel für den Reflexionsfaktor Γ ersichtlich wird [31]:

$$\Gamma = \frac{U_\mathrm{r}}{U_\mathrm{h}} = \frac{R_\mathrm{i} - Z_\mathrm{W}}{R_\mathrm{i} + Z_\mathrm{W}} \qquad (3.2)$$

Dabei ist U_r die zurücklaufende und U_h die hinlaufende Spannungswelle. Für die Berechnung des Wellenwiderstandes ist der Umstand bedeutsam, dass die Masseleitung im Kfz nicht explizit im Kabelbaum geführt wird, sondern an mehreren Stellen im Fahrzeug über Massepunkte mit der Karosserie verbunden ist, die wiederum an dem negativen Batteriepol angeschlossen ist. Dies hat den Vorteil der Einsparung von Kabeln und damit zusammenhängend der Gewichts- und Kostenreduzierung. Für die Berechnung des Wellenwiderstandes wird angenommen, dass sich die Leitung mit dem Durchmesser D in einem Abstand h zu einer unendlich ausgedehnten Massefläche befindet, die der Karosserie entsprechen soll. Ist ϵ_r die relative Permittivitätszahl in der Umgebung, so ergibt sich folgende Formel für den Wellenwiderstand Z_W [32]:

$$Z_\mathrm{W} = \frac{377\,\Omega}{2\pi\sqrt{\epsilon_\mathrm{r}}} \operatorname{arccosh} \frac{2h}{D} \qquad (3.3)$$

Es sei angemerkt, dass die Bedingungen im Kfz keine homogene Struktur bezüglich der relativen Permittivitätszahl darstellen, da die Kabel mit unterschiedlichen Dielektrika ($\epsilon_\mathrm{r} > 1$) isoliert sind und der Bereich zwischen Kabel und Karosserie Luft ($\epsilon_\mathrm{r} \approx 1$) ist. Des Weiteren werden verschiedene Querschnitte verwendet ($D \neq$ const.) und ebenso der Abstand h weist eine große Streubreite auf. Der Abstand variiert über den Ort und über die Zeit, da sich der Kabelbaum auf Grund von nur wenigen Fixierungen mit der Karosserie bewegen und verschieben kann. Die Abbildung 3.1 zeigt die Abhängigkeit des Wellenwiderstands Z_W von dem Abstand der Leitung zur Karosserie und von dem Querschnitt des Kabels.

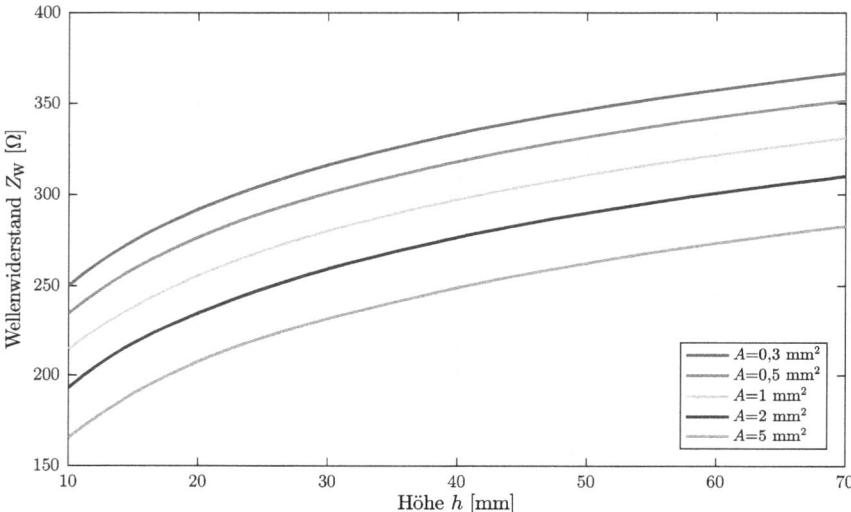

Abbildung 3.1: Wellenwiderstand Z_W in Abhängigkeit der Höhe h und des Kabelquerschnitts A bei $\epsilon_r = 1$ (nach Gleichung (3.3))

Ein weiterer Aspekt, der ebenfalls einen direkten Einfluss auf die Übertragungseigenschaften nimmt, sind die am Kabelbaum angeschlossenen Komponenten, die zumeist eine Reflexion und Dämpfung der PLC-Datensignale hervorrufen. Insbesondere die Batterie wirkt für HF-Signale wegen ihrer sehr niedrigen Impedanz wie ein Kurzschluss. Dies haben die Autoren von [11] zum Anlass genommen, zwischen einem direkten und indirekten Weg für PLC-Signale zu unterscheiden. Bei dem indirekten Weg befindet sich zwischen Sender und Empfänger die Batterie. Diese ist über eine kurze Stichleitung am Kabelbaum angebunden, sodass die niedrige Impedanz der Batterie als eine Senke für die HF-Signale wirkt. Die Dämpfung ist bei diesem indirekten Wegen etwa 10 dB größer als bei einem direkten Weg, wo die Batterie nicht zwischen Sender und Empfänger liegt und insofern keinen nennenswerten Einfluss auf die Dämpfung hat [11].

Die anderen Komponenten am Kabelbaum haben ebenfalls eine nicht zu vernachlässigende Auswirkung auf die Übertragungsqualität. Besonders Steuergeräte mit ihrer kapazitiven Eingangsbeschaltung zwecks Spannungsglättung und damit niedrigen Impedanz im relevanten Frequenzbereich haben einen großen Einfluss. Befindet sich ein PLC-Modem in der Nähe, so bewirkt das Steuergerät, das in [12] mit einer Kapazität von 10 nF modelliert wird, eine hohe Dämpfung – ähnlich wie eine Batterie. Sind die Steuergeräte von den PLC-Modems weiter entfernt, ist der Effekt infolge der höheren Impedanz, die von der längeren Leitung hervorgeht, nicht so signifikant. Dennoch ist in diesem Fall ein anderer Effekt zu beobachten. Viele Komponenten, einschließlich der Batterie, den Steuergeräten und den Verbrauchern im Allgemeinen, deren Impedanz in [11] mit einem Wertebereich von $1\,\Omega$ bis $1\,\mathrm{k}\Omega$ angenommen wird, bilden keinen wellenwiderstandsrichtigen Abschluss. Da der Wellenwiderstand, wie oben gezeigt wurde, variabel ist, ist eine exakte Impedanzanpassung auch nicht möglich. Neben den Reflexionen an diesen Komponenten sind des Weiteren Reflexionen an den Verzweigungsstellen des Kabelbaums festzustellen. Infolgedessen gibt es frequenzselektiv konstruktive und destruktive Interferenzen, die markante Auswirkungen auf die Übertragungseigenschaften haben.

3.1.2. Modellierung des Übertragungskanals

Simulationen von Energiebordnetzen, die bereits in [11] und [12] durchgeführt worden sind, erlauben eine umfassendere Aussage über die für PLC-Anwendungen relevanten Übertragungseigenschaften. Die Autoren ebendieser Veröffentlichungen haben ein weit verzweigtes Bordnetz inklusive der Verbraucher modelliert und den frequenzabhängigen Transmissionsfaktor zwischen zwei beliebigen Punkten im Bordnetz bestimmt. Dafür muss die Streumatrix $\boldsymbol{S}$ des zu einem Zweitor abstrahierten Bordnetzes gefunden werden. Diese definiert den Zusammenhang zwischen den zulaufenden Wellen a_i und den ablaufenden Wellen b_i am Tor i mittels Transmissions- und Reflexionsfaktoren und ist zusammen mit der Angabe der Bezugsimpedanz Z_0 (in der Regel $50\,\Omega$) eine eindeutige Charakterisierung eines Zweitors [31].

$$\boldsymbol{b} = \boldsymbol{S}\boldsymbol{a} \text{ mit } \boldsymbol{S} = \begin{pmatrix} S_{11} & S_{12} \\ S_{21} & S_{22} \end{pmatrix}, \, \boldsymbol{a} = \begin{pmatrix} a_1 \\ a_2 \end{pmatrix}, \, \boldsymbol{b} = \begin{pmatrix} b_1 \\ b_2 \end{pmatrix} \tag{3.4}$$

mit den normierten Wellen a_i und b_i:

$$a_i = \frac{U_{i,\mathrm{h}}}{\sqrt{Z_0}}, \, b_i = \frac{U_{i,\mathrm{r}}}{\sqrt{Z_0}} \tag{3.5}$$

Der Vorwärts-Transmissionsfaktor ist S_{21} und damit eine wellenspezifische Größe, während die anschaulichere Übertragungsfunktion H das Verhältnis der Spannungspegel am Ein- und Ausgang wiedergibt. In Abbildung 3.2 ist der Unterschied veranschaulicht. Die Umrechnung von der Streumatrix zur Übertragungsfunktion erfolgt mit folgender Formel [33]:

$$H = \frac{U_L}{U_S} = \frac{S_{21}(1 + \Gamma_L)(1 - \Gamma_S)}{2(1 - S_{22}\Gamma_L)(1 - \Gamma_{in}\Gamma_S)} \tag{3.6}$$

mit den Reflexionsfaktoren

$$\Gamma_{in} = S_{11} + \frac{S_{12}S_{21}\Gamma_L}{1 - S_{22}\Gamma_L}, \ \Gamma_S = \frac{Z_S - Z_0}{Z_S + Z_0}, \ \Gamma_L = \frac{Z_L - Z_0}{Z_L + Z_0} \tag{3.7}$$

Die komplexe Zugangsimpedanz, die der Sender am Eingang des Zweitors sieht, berechnet sich wie folgt [33]:

$$Z_{in} = Z_0 \frac{1 + \Gamma_{in}}{1 - \Gamma_{in}} \tag{3.8}$$

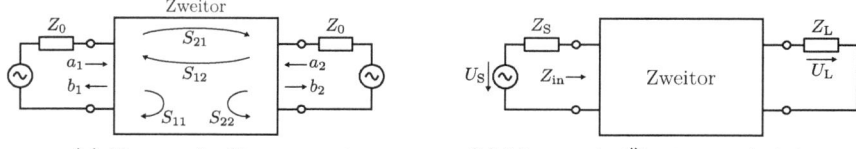

(a) Messung der Streuparameter   (b) Messung der Übertragungsfunktion

Abbildung 3.2: Prinzipschaltbild eines Zweitors

Um nun das Bordnetz mit Hilfe der Streumatrix als Zweitor darzustellen, werden Modelle für die unterschiedlichen Komponenten aufgestellt – wie Leitungen und Verbraucher – und zu einer Streumatrix zusammengefasst. In [11] und [12] ist dies mit verschiedenen Konfigurationen durchgeführt worden. So sind Messpunkte an diversen Orten des Kabelbaums gesetzt worden, ferner sind die Impedanzen der Verbraucher, die Abstände der Leitungen zur Karosserie und die Leitungslängen variiert worden. Die Ergebnisse der Veröffentlichungen zeigen, dass das Bordnetz in erster Näherung einen Bandpasscharakter mit einer unteren Grenzfrequenz von unter 10 MHz und einer oberen Grenzfrequenz von etwa 100 MHz aufweist. Dies legt den Schluss nahe, dass der untere MHz-Bereich ein geeigneter Frequenzbereich für die PLC-Datenübertragung ist. Jedoch sind viele frequenzselektive Einbrüche zu erkennen, die durch destruktive Interferenzen infolge von Reflexionen an Verbrauchern und Verzweigungsstellen sowie durch Resonanzen von kapazitiven Verbrauchern mit induktiv geprägten Leitungen zu erklären sind. So bewegt sich der frequenzabhängige Transmissionsfaktor S_{21} von $-10\,\text{dB}$ bis zu $-60\,\text{dB}$. Auch die Zugangsimpedanz, die ein PLC-Modem an der Schnittstelle zum Bordnetz sieht, ist aus ebendiesen Gründen nicht über die Frequenz konstant: Der Median liegt bei etwa $100\,\Omega$ [11]. In den meisten Fällen liegt die Zugangsimpedanz unter dem Leitungswellenwiderstand der Leitungen von näherungsweise $300\,\Omega$, weil niederohmige Verbraucher und Verzweigungen im Kabelbaum, die eine Parallelschaltung mehrerer Leitungswellenwiderstände bedeuten, die Zugangsimpedanz herabsetzen. Die Simulationen haben gezeigt, dass für eine Impedanzanpassung ein Innenwiderstand eines PLC-Modems von $30\,\Omega$ bis etwa $150\,\Omega$ gut geeignet ist, da in diesem Bereich der über die Frequenz gemittelte Betrag des Transmissionsfaktor $|S_{21}|$ ein Maximum aufweist [11].

Messungen in einem Fahrzeug unter realen Bedingungen bestätigen die Simulationen. Abbildung 3.3 zeigt die Transmissionsfaktoren dreier Pfade, die in einem 2006 Pontiac Solstice bei eingeschalteter Elektronik und Licht gemessen worden sind [33]. Deutlich zu

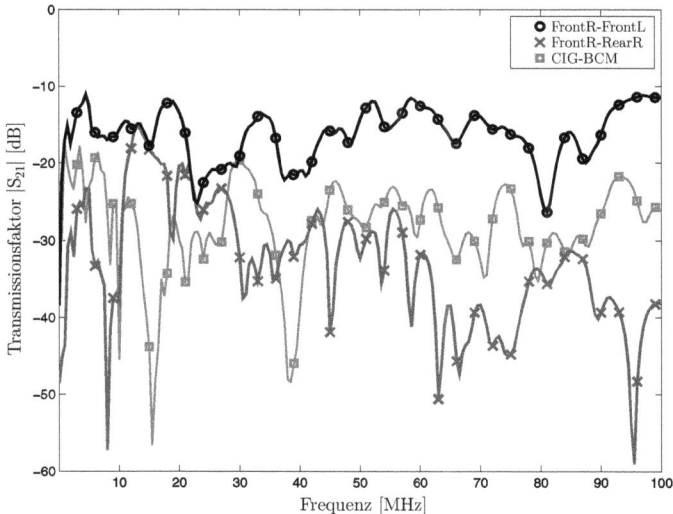

Abbildung 3.3: Gemessener Transmissionsfaktor für drei verschiedene Pfade, Elektronik und Licht eingeschaltet [33]

erkennen sind die starken Frequenzeinbrüche, die vor allem bei längeren Verbindungen zu beobachten sind. Zum einen bei der Verbindung zwischen der vorderen und hinteren

Leuchte (FrontR-RearL) und zum anderen zwischen dem Zigarettenanzünder und dem Bordnetzsteuergerät (CIG-BCM), die zwar in räumlicher Nähe verbaut sind, dennoch nur über der weiter entfernten Sicherungsbox galvanisch miteinander verbunden sind [33]. Der Frequenzgang zwischen den beiden vorderen Leuchten (FrontR-FrontL) ist hingegen wesentlich flacher und widerfährt eine geringere Dämpfung. Dies kann mit der kürzeren Verbindung und der damit einhergehenden kleineren Anzahl an Verzweigungsstellen erklärt werden, sodass hier nicht so viele Reflexionen auftreten [33].

Für Simulationen und messtechnische Verifikationen wird in dieser Arbeit das Bordnetzmodell aus Abbildung 3.4 verwendet. Es besteht aus zwei Bordnetznachbildungen, die in der Norm CISPR 25 [34] definiert sind. Diese haben die Aufgabe einen standardisierten Kabelbaum von $5\,\mathrm{m}$ Länge nachzubilden und einen definierten Messabgriff für Störaussendungsmessungen zur Verfügung zu stellen, bei denen die Spannung an dem $50\,\Omega$ Widerstand gemessen wird. Dieser Aufbau ist in besonderer Weise dafür geeignet, eine realistische Dämpfung einer Übertragungsstrecke zu erreichen. Die Übertragungsstrecke

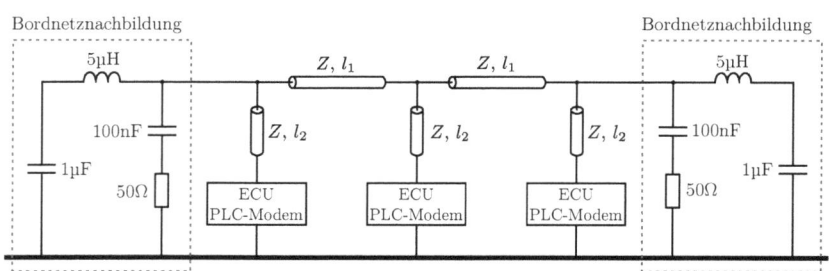

Abbildung 3.4: Bordnetzmodell ($Z = 300\,\Omega$, $l_1 = 0,75\,\mathrm{m}$, $l_2 = 0,5\,\mathrm{m}$)

selbst ist ein $1,5\,\mathrm{m}$ langes Kabel mit einem Wellenwiderstand von $300\,\Omega$. An den äußeren beiden Enden dieser Strecke befinden sich die PLC-Modems, die über Stichleitungen mit einer Länge von $50\,\mathrm{cm}$ angebunden sind. Die Masseleitung der Modems ist direkt mit der Massefläche verbunden, was zwar nicht der Situation im Kfz entspricht – denn die realen Massepunkte befinden sich in einer gewissen Entfernung zu den Komponenten – jedoch eine hinreichend genaue Vereinfachung bietet. Die Nachrichtenquelle beziehungsweise -senke für die Modems stellt ein Steuergerät (ECU) dar, das aufgrund der kapazitiven Wirkung als besonders kritisch bezüglich der PLC-Übertragung anzusehen ist. In der Mitte der

Strecke soll eine Verzweigung die Auswirkungen eines weiteren (passiven) PLC-Modems oder Steuergerätes simulieren.

Die Simulation der Streuparameter, durchgeführt mit dem Schaltungssimulator Qucs, zeigt gute Übereinstimmungen mit den realen Messungen. Abbildung 3.5a stellt den Transmissionsfaktor zwischen den beiden äußeren PLC-Modems dar; zum Einen ohne eine Verzweigung in der Mitte und zum Anderen mit einer ECU in der Mitte (modelliert mit 10 nF). Mit ECU ist eine 6 dB höhere Dämpfung und ein tiefer Einbruch bei circa 2,3 MHz festzustellen. Weitere Verzweigungen haben weitere Einbrüche zur Folge, was zusätzliche Simulationen zeigen. Dies ist in Einklang mit den oben ausgeführten Überlegungen und realen Messungen. Des Weiteren zeigt die Abbildung 3.5b die Zugangsimpedanz, die ein PLC-Modem an der Schnittstelle zum Bordnetz sieht. Diese Impedanz liegt im betrachteten Frequenzbereich zwischen $0\,\Omega$ und $180\,\Omega$, was sich in guter Näherung mit den Ergebnissen aus [11] deckt.

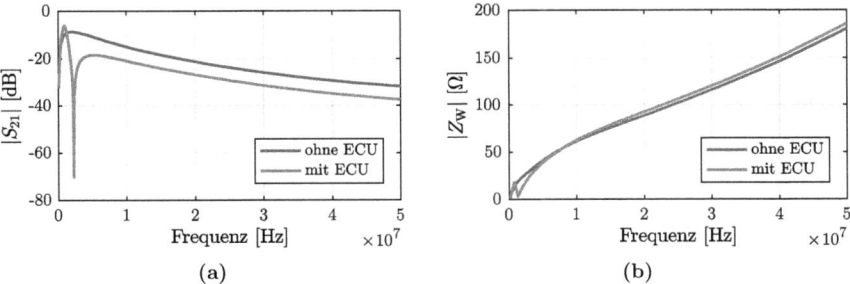

(a)   (b)

Abbildung 3.5: Transmissionfaktor (a) und Zugangsimpedanz (b) des Bordnetzmodells

3.1.3. Störungen im Bordnetz

Im Folgenden werden die auf dem Bordnetz zu beobachtenden Störungen untersucht, die eine zusätzliche große Herausforderung für eine störfeste PLC-Datenübertragung darstellen. Die Störungen lassen sich unterteilen in das Hintergrundrauschen, das schmalbandige Rauschen, die periodischen Impulsstörungen, die auch als Burst bezeichnet werden, sowie die aperiodischen Impulsstörungen, die in einem zufälligen zeitlichen Abstand auftreten.

Das Hintergrundrauschen ist mehrfach in Fahrzeugen untersucht worden und kann in guter Näherung als weißes Rauschen mit einer spektralen Leistungsdichte von

$-140\,\text{dBm/Hz}$ bis $-110\,\text{dBm/Hz}$ angenähert werden [33], [13], [35], [2]. Zusätzliches schmalbandiges Rauschen, verursacht durch Leistungselektronik, Pulsweitenmodulation oder Prozessoren, tritt vor allem bei Frequenzen kleiner 20 MHz auf und liegt etwa 10 bis 20 dB über dem Pegel des Hintergrundrauschens [35], [2].

Eine weitaus größere Beeinträchtigung der PLC-Datenübertragung im Vergleich zum Rauschen ist bei impulsartigen Störungen zu erwarten. Impulse entstehen im Bordnetz als Folge von Ein- und Ausschaltvorgängen, wobei verschiedene Fälle festzustellen sind. So führt ein Abschalten niederohmiger Lasten dazu, dass der hohe Strom wegen der Induktivität des Kabelbaums weiterfließt, sodass dieser einen hohen Spannungsimpuls an den anderen, nicht abgetrennten Verbrauchern hervorruft. Das Abschalten induktiver Lasten hingegen führt zu negativen Spannungsspitzen an Verbrauchern, die parallel zu der abgeschalteten Last liegen. Außerdem können abklingende Schwingungen entstehen, wenn Lasten eingeschaltet werden. Hier bestimmen die parasitären Kapazitäten und Induktivitäten des Kabels und der Last die Schwingungsfrequenz.

Gegenüber diesen einzelnen, aperiodischen Impulsen treten auch periodische impulsartige Störungen auf, sogenannte Bursts. Diese entstehen, wenn induktiv geprägte Lasten mittels eines Relais' von der Spannungsquelle getrennt werden, denn das Abschalten einer induktiven Last führt im ersten Moment zu einer sehr hohen Spannung. Diese ist so hoch, dass ein Lichtbogen über den noch nicht ganz geöffneten Schaltkontakten des Relais' entsteht. Die Spannung sinkt dadurch schlagartig, der Lichtbogen erlischt und die Spannung baut sich infolge der noch in der Induktivität gespeicherten Energie abermals auf. Es kommt zu einem weiteren Lichtbogen. Der Vorgang wiederholt sich so lange, bis der Abstand der Schaltkontakte groß genug ist.

Impulsstörer sind in der ISO 7637-2 [36] genormt, um standardisierte Störfestigkeitsprüfungen an Fahrzeugkomponenten durchführen zu können. Auch wenn diese Norm nicht im Hinblick auf eine Datenkommunikation über Energieversorgungsleitungen erstellt worden ist, so ist hiermit dennoch eine Worst Case Abschätzung der Störgrößen möglich. Die Impulse können im Zeitbereich mit der doppelexponentiellen Funktion f_1 beschrieben werden.

$$f_1(t) = \begin{cases} A_{\exp}(e^{-at} - e^{-bt}) & , t \geq 0 \\ 0 & \text{sonst} \end{cases} \qquad (3.9)$$

Dabei hängt die tatsächliche Amplitude A des Impulses vom Koeffizienten A_{exp} und auch von den Formfaktoren a und b ab. Der Koeffizient a bestimmt vor allem die Pulsbreite t_{d}, gemessen bei 10 % der Impulsamplitude, und b die Anstiegszeit t_{r}, gemessen zwischen 10 % und 90 % der Impulsamplitude. Für $b \gg a$ ergeben sich durch Einsetzen und Umformen der Gleichung (3.9) näherungsweise die Beziehungen

$$a = \frac{2,3}{t_{\text{d}}} \text{ und } b = \frac{2,3}{t_{\text{r}}} \qquad (3.10)$$

Die Parameter ausgewählter Impulse sind in der Tabelle 3.1 zusammengefasst. Impuls 1 entsteht beim Abschalten induktiver Lasten an Verbrauchern parallel zu ebendieser Last und Impuls 2a beim Abschalten niederohmiger Lasten an den nicht abgetrennten Verbrauchern. Es handelt sich hierbei um relativ langsame Impulse mit einer vergleichsweise großen Zykluszeit t_1 von 0,5 s bis 5 s. Dieser zeitliche Abstand t_1 ist bei den Burst-Impulsen 3a und 3b deutlich kritischer. Diese Impulse wiederholen sich periodisch alle 100 µs. Des Weiteren sind in der ISO 7637-2 [36] die Impulse 2b, 4 und 5 aufgeführt, die vergleichsweise seltene Ereignisse abbilden – wie das Anlassen des Motors – und Zeitkonstanten im ms-Bereich aufweisen. Sie sind folglich als unkritisch für eine PLC-Datenübertragung anzusehen und hier daher nicht näher erläutert.

Impuls	Amplitude A	Anstiegszeit t_{r}	Pulsbreite t_{d}	Zykluszeit t_1
Impuls 1	$-100\,$V	$1\,$µs	$2\,$ms	[0,5 s; 5 s]
Impuls 2a	$100\,$V	$1\,$µs	$50\,$µs	[0,5 s; 5 s]
Impuls 3a	$-150\,$V	$5\,$ns	$100\,$ns	$100\,$µs
Impuls 3b	$100\,$V	$5\,$ns	$100\,$ns	$100\,$µs

Tabelle 3.1: Eigenschaften ausgewählter Impulse nach ISO 7637-2 [36]

Diese genormten Impulse sind in erster Linie für Störfestigkeitsprüfungen geeignet und geben nur wenig Aufschluss über die typischen Gegebenheiten im Bordnetz, da sie als Worst Case Szenario anzusehen sind. Die Autoren von [13] und [14] haben Zeitbereichsmessungen auf dem Bordnetz vorgenommen, um die typischen Störimpulse zu identifizie-

ren. In der Regel handele es sich dabei um Schwingungen mit einer exponentiell abklingenden Einhüllenden. Diese lassen sich in guter Näherung wie folgt modellieren:

$$f_2(t) = \begin{cases} Ae^{-at}\sin(2\pi f_\mathrm{p} t) & , t \geq 0 \\ 0 & \text{sonst} \end{cases} \tag{3.11}$$

Dabei ist A die Amplitude und f_p die Pseudofrequenz der Schwingung. Für den Zusammenhang des Koeffizienten a und der Pulsbreite t_d gilt wieder die Beziehung aus der
Gleichung (3.10).

Die Messungen sind bei Stillstand und laufendem Motor sowie bei eingeschalteten Verbrauchern, wie zum Beispiel den elektrischen Fensterheber, durchgeführt worden. Die Autoren von [13] und [14] haben mithilfe von statistischen Untersuchungen die Parameter der
abklingenden Schwingungen ermittelt und dabei große Streubreiten mit ungleichmäßigen
Verteilungen festgestellt. So ist zum Beispiel die Verteilungsdichte der Pseudofrequen-
zen nicht kontinuierlich, sondern weist Maxima bei mehreren Frequenzen auf. Darüber
hinaus seien Korrelationen zwischen den Parametern festzustellen, so die Autoren. Als
Vereinfachung der weiteren Untersuchungen werden die Parameter als gleichverteilt und
unabhängig voneinander angenommen. Außerdem wird zwischen vier Klassen von abklingenden Schwingungen unterschieden, die zum Beispiel die Störungen im Stillstand und
während einer Fahrt widerspiegeln. Die Tabelle 3.2 fasst die Streubreiten der verschiedenen Parameter zusammen.

Amplitude A	Pulsbreite t_d	Pseudofrequenz f_p	Zykluszeit t_1
[0,1 V; 0,4 V]	[460 ns; 50 µs]	[10 kHz; 10 MHz]	[3 ms; 100 ms]
[0,2 V; 1 V]	[46 ns; 2,5 µs]	[1 MHz; 4 MHz]	[1 µs; 100 ms]
[0,11 V; 0,22 V]	[100 ns; 1,5 µs]	[7 MHz; 23 MHz]	[25 µs; 60 µs]
[0,1 V; 1,5 V]	[500 ns; 20 µs]	[0,5 MHz; 11 MHz]	[5 µs; 100 ms]

Tabelle 3.2: Eigenschaften verschiedener Klassen von im Kfz gemessenen, abklingenden
Schwingungen [13], [14]

Um die Störgrößen zu vergleichen und bezüglich einer möglichen Beeinträchtigung der
PLC-Übertragung zu bewerten, werden die erwähnten Störeinflüsse in den Frequenzbe-
reich transformiert. Mit Hilfe der Fourier-Transformation $\mathcal{F}\{f(t)\} = \int_{-\infty}^{+\infty} f(t)e^{-\mathrm{j}2\pi ft}dt$

resultieren die Frequenzspektren F_1 für den doppelexponentiellen Impuls und F_2 für die abklingende Schwingung [37].

$$F_1(f) = \mathcal{F}\{f_1(t)\} = A_{\mathrm{exp}} \frac{b - a}{(a + \mathrm{j}2\pi f)(b + \mathrm{j}2\pi f)} \tag{3.12}$$

$$F_2(f) = \mathcal{F}\{f_2(t)\} = \frac{\mathrm{j}A}{2}\left(\frac{1}{a + \mathrm{j}2\pi(f + f_{\mathrm{p}})} - \frac{1}{a + \mathrm{j}2\pi(f - f_{\mathrm{p}})}\right) \tag{3.13}$$

Um die Wiederholung der Impulse mit der Zykluszeit t_1 zu berücksichtigen, wird die Amplitudendichte F in eine Fourier Reihe mit den diskreten Werten c_n überführt [37].

$$c_n(nf_1) = f_1 F(nf_1) \text{ mit } f_1 = \frac{1}{t_1} \tag{3.14}$$

Für einen Vergleich dieser analytisch bestimmten Frequenzspektren mit Messergebnissen aus einem Spektrumanalysator, muss der Betrag gebildet, die Amplituden in Effektivwerte umgerechnet und das mathematische Spektrum mit zwei multipliziert werden, um das physikalische Spektrum zu erhalten, das nur die positiven Frequenzen beinhaltet. Außerdem muss die Messbandbreite (Resolution Bandwidth, RBW) berücksichtigt werden. Dazu wird die Messbandbreite als untere Schranke der Wiederholfrequenz f_1 festgelegt, sodass innerhalb der Auflösezeit (1/RBW) mindestens ein Impuls liegt, womit die Funktionalität eines Spitzenwert-Detektors nachgebildet ist. Der Spitzenwert-Detektor ermittelt die maximal gemessene Amplitude innerhalb eines definierten Zeitintervalls, häufig 50 ms; während beispielsweise ein Mittelwert-Detektor die gemittelte Amplitude in einem Zeitintervall darstellt.

Abbildung 3.6 zeigt die Spektren der genormten Impulse und eine Schar von typischen abklingenden Schwingungen, deren zufällig gewählte Parameter innerhalb der gegebenen Streubreite liegen (siehe Tabelle 3.2). Die Messbandbreite ist auf 9 kHz festgesetzt, die die Norm CISPR 25 [34] für Störaussendungsmessungen im Bereich unter 30 MHz vorgibt. Die CISPR 25 definiert weiterhin fünf Grenzwertklassen; zwei davon sind exemplarisch in der Abbildung dargestellt, die für leitungsgebundene Messungen mit einem Mittelwert-Detektor (AV-Detektor) Anwendung finden. In der Abbildung sind die Grenzwerte, die in der Norm nur für diverse Bänder definiert sind, interpoliert, sodass sich ein kontinuierlicher Grenzwertverlauf ergibt. So sind allgemeingültige Aussagen möglich, da einige Hersteller in ihren eigenen Spezifikationen (angelehnt an die CISPR 25) auf ähnliche Weise vorgehen, um zum Beispiel weitere Kurzwellensender abzudecken [38], [39]. Die Grenzwertklasse, die eine Störquelle einhalten muss, ergibt sich aus dem möglichen Störpotential. Zum Beispiel findet die Grenzwertklasse 5 bei Störquellen Anwendung, die besonders nahe an der Kfz-Antenne als Störsenke verbaut sind.

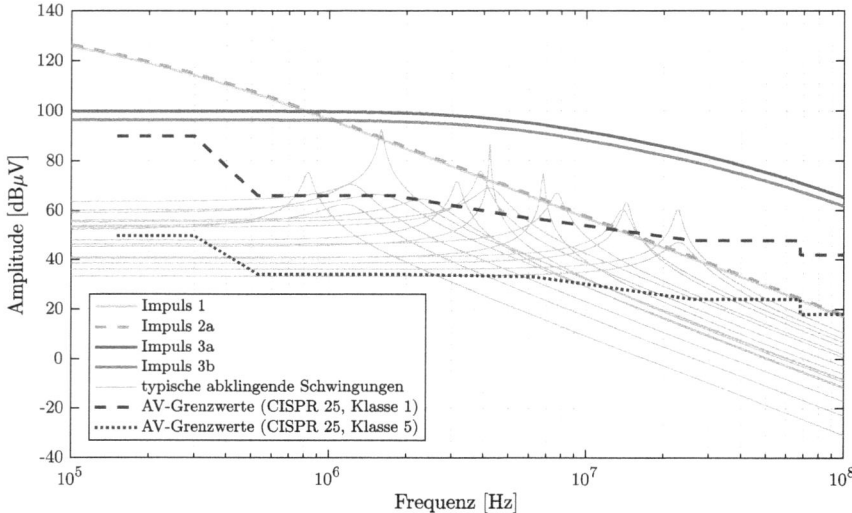

Abbildung 3.6: Einhüllende Frequenzspektren verschiedener Störungen und interpolierte Grenzwerte nach CISPR 25 (RBW = 9 kHz)

Die genormten Impulse, die hauptsächlich bei Störfestigkeitsprüfungen angewendet werden, liegen aus ebendiesem Grund zum größten Teil über den Grenzwerten, wie der Abbildung 3.6 zu entnehmen ist. Sie liegen ebenso über den für Impulse relevanten Spitzenwert-Grenzwerten, die 20 dB über den Mittelwert-Grenzwerten liegen. Wenn der Sendepegel eines PLC-Modems die Grenzwerte nach CISPR 25 einhalten soll, ist das Signal-Rausch-Verhältnis (SNR) demnach so klein, dass eine störungsfreie und schnelle Datenübertragung nicht zu erwarten ist (siehe shannonsche Kanalkapazität, Gleichung (2.1)). Hingegen sind die Spannungspegel typischer Impulse etwa 30 dB niedriger als die der Bursts. Sie liegen größtenteils unter den Spitzenwert-Grenzwerten, was in Einklang mit der geforderten EMV ist. Wenn in diesem Fall der Sendepegel eines PLC-Modems die Mittelwert-Grenzwerte nach Klasse 1 einhalten soll, so liegen die Spannungspegel der meisten typischen Impulse darunter, was zu einem SNR größer 0 dB führt. Insbesondere im Bereich kleiner 300 kHz ist der SNR sehr groß; allerdings haben die vorherigen Untersuchungen gezeigt, dass in diesem Bereich die Dämpfung des Übertragungskanals besonders groß ist. Diese bewirkt eine weitere Reduzierung des SNR, da der Signalpegel am Empfänger-modem dementsprechend kleiner ist. Dabei ist anzumerken, dass Impulse nur kurzzeitige Beeinträchtigungen der PLC-Datenübertragung darstellen, die eventuell von einer Kanal-codierung beseitigt werden können. Hingegen muss die PLC-Übertragung in Gegenwart des Hintergrundrauschens ohne Störung funktionieren. Hier liegt der Spannungspegel, der an einem 50 Ω Widerstand abfällt, zwischen 7 dBµV und 37 dBµV (RBW = 9 kHz). Ohne Dämpfung des Übertragungskanal wäre somit ein SNR von mehr als 20 dB möglich.

Im weiteren Verlauf dieser Arbeit sind mithilfe der oben aufgeführten Ergebnisse und den Erkenntnissen des Übertragungskanals Aussagen über das tatsächliche Signal-Rausch-Verhältnis möglich. Damit kann die PLC-Übertragungsqualität in einem Kfz abgeschätzt werden. Im nächsten Abschnitt werden dazu die Koppelnetzwerkstrukturen entworfen und modelliert, die für die anschließenden Simulationen erforderlich sind.

3.2. Entwurf der Koppelnetzwerkstrukturen

In diesem Abschnitt werden die Anforderungen an Koppelnetzwerke näher erläutert, um darauf aufbauend die kapazitive und induktive Kopplung unter Berücksichtigung der Gegebenheiten im Kfz-Bordnetz zu entwerfen. Des Weiteren werden Entkopplungsstrukturen behandelt, die zum Beispiel für eine Entkopplung von Verbrauchern notwendig sind.

3.2.1. Anforderungen an Koppelnetzwerke

Die Koppelnetzwerke haben in erster Linie die Aufgabe, das hochfrequente Datensignal des PLC-Modems auf die Energieleitungen des Bordnetzes ein- und auszukoppeln. Für eine effiziente Übertragung, also eine starke Kopplung zwischen PLC-Modem und Bord-netz, sollten die Verluste in den Koppelnetzwerken möglichst gering sein, was zum Beispiel mit dem Vermeiden ohmscher Widerstände beginnt. Ein weiterer Aspekt hierbei ist die Impedanz- beziehungsweise Leistungsanpassung, denn indem die Impedanz des PLC-Mo-dems an den Wellenwiderstand der Energieleitung angepasst wird, ist die vom Sender-zum Empfängermodem übertragene Leistung am größten. Weiterhin lassen sich durch diese Maßnahme Reflexionen auf dem Bordnetz reduzieren, sodass die Impulsantwort der

Übertragungsstrecke kürzer ist. Dadurch kann die Symboldauer kleiner gewählt werden, was direkt einhergeht mit einer höheren Datenrate. Bei einem Bordnetz mit vielen Verzweigungen und einem nicht festen Wellenwiderstand ist die Impedanzanpassung offenbar nur schwierig umzusetzen. Dennoch können durch eine näherungsweise Anpassung der Impedanz, realisiert mit Hilfe von Koppelnetzwerken oder zusätzlichen Übertragern, die Übertragungseigenschaften verbessert werden. Dieser Umstand ist zum Beispiel in [11] gezeigt worden und ebenfalls die Simulationen in dieser Arbeit bestätigen dies.

Da Koppelnetzwerke die Aufgabe haben, die Gleichspannung vom Bordnetz zu blockieren und die hochfrequenten Datensignale passieren zu lassen, werden diese als Hochpass-Filter ausgeführt. Bei entsprechender Wahl der Grenzfrequenz können niederfrequente Störungen gedämpft werden, sodass das PLC-Modem vor diesen geschützt ist. Folglich wird der Transientenschutz entlastet, der das PLC-Modem vor Beschädigung schützt und mit Hilfe des Koppelnetzwerks nur die Energie der höherfrequenten Störanteile aufnehmen muss.

Weitere Kriterien bei der Auslegung von Koppelnetzwerkstrukturen sind die Kosten, die Zuverlässigkeit, der Aufwand und die Komplexität. Weiterhin muss die innere EMV berücksichtigt werden, wenn PLC-Modems innerhalb von Steuergeräten verbaut werden: Zum Einen darf das PLC-Modem die Funktion des Steuergerätes nicht stören, zum Anderen ist eine Beeinträchtigung des PLC-Modems durch das Steuergerät auf jeden Fall zu verhindern. Hier kann die Wahl einer Koppelnetzwerkstruktur dazu beitragen, den Mehraufwand für die Erfüllung der inneren EMV gering zu halten.

Bei der Wahl und Auslegung eines Koppelnetzwerks können Konditionierungsmaßnahmen in Form von Entkopplungsstrukturen erforderlich sein. Diese dienen der Entkopplung der PLC-Signale von niederohmigen Verbrauchern, wie Steuergeräte mit kapazitiven Eingangsbeschaltungen. So kann eine zu starke Dämpfung der Nachrichtensignale durch ebendiese Verbraucher vermieden werden. Ein weiterer Anwendungsfall ist die Segmentierung des Bordnetzes in mehrere eigenständige PLC-Netzwerke. Dazu wird an bestimmten Stellen im Bordnetz das PLC-Signal durch eine Entkopplung unterbrochen. Bei der Dimensionierung der Entkopplungsstrukturen ist eine hohe Dämpfung der PLC-Signale sicherzustellen, während gleichzeitig der von den Verbrauchern benötigte Gleichstrom nicht beeinflusst werden darf - etwa durch einen zu hohen Spannungsabfall in der Entkopplungsstruktur. Zudem muss gewährleistet sein, dass hohe Ströme von niederohmigen

Verbrauchern und Umgebungsbedingungen, wie zum Beispiel hohe Temperaturen, keine Beeinträchtigung der Entkopplungsfunktion darstellen.

In den nächsten Abschnitten werden unter Beachtung der oben aufgeführten Anforderungen verschiedene Koppel- und Entkopplungsstrukturen entworfen. Für experimentelle Untersuchungen wird in dieser Arbeit das Evaluationsboard „PLC Stamp 1" mit einem PLC-Modem nach der HomePlug Green PHY Spezifikation verwendet. Dieses arbeitet in einem Frequenzbereich von 2-28 MHz und weist einen Innenwiderstand von circa 150 Ω auf, worauf im späteren Verlauf noch genauer eingegangen wird. Diese Daten sind Grundlage für den Entwurf und die Simulation der Koppelnetzwerke, damit ein praktischer Aufbau ebendieser Netzwerke für die anschließenden experimentellen Untersuchungen möglich ist.

3.2.2. Kapazitive Kopplung

Bei der kapazitiven Kopplung (siehe Abbildung 3.7) vereint der Koppelkondensator C_c die beiden Aufgaben der Entkopplung der Gleichspannung und der möglichst starken Kopplung zwischen PLC-Modem und Bordnetz bezüglich des hochfrequenten Datensignals. Zusammen mit dem Eingangswiderstand des Modems bildet sich empfängerseitig ein RC-Hochpass. Mit Hilfe der Formel für die Grenzfrequenz f_g kann somit der Wert für den Kondensator gefunden werden.

$$f_g = \frac{1}{2\pi RC} \tag{3.15}$$

Die Grenzfrequenz sollte dabei so gewählt werden, dass möglichst viele niederfrequente Störungen gedämpft werden, das Datensignal jedoch ohne nennenswerte Dämpfung das Empfängermodem erreicht. Im Falle des PLC Stamp 1 mit $R = 150\,\Omega$ bietet sich ein Koppelkondensator mit $C_c = 1\,\text{nF}$ an, sodass die Grenzfrequenz f_g bei circa $1\,\text{MHz}$ liegt.

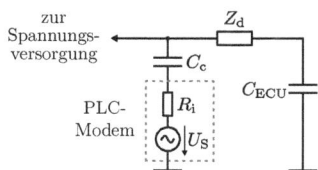

Abbildung 3.7: Kapazitive Kopplung eines PLC-Signals auf die Energieversorgungsleitung eines Kfz-Bordnetzes in Gegenwart eines Steuergerätes

Eine Eigenschaft der kapazitiven Kopplung ist, dass das PLC-Modem parallel zur Nachrichtenquelle beziehungsweise -senke liegt, die häufig ein Steuergerät mit einer kapazitiven Eingangsbeschaltung ist und gemäß [12] mit $C_{\text{ECU}} = 10\,\text{nF}$ modelliert werden kann. Dies führt zu dem Problem, dass das PLC-Signal in C_{ECU} einen HF-Kurzschluss sieht und somit kaum das Empfängermodem erreichen kann. Es ist folglich eine Entkopplung vom Steuergerät nötig, deren Möglichkeiten im Kapitel 3.2.3 näher erläutert werden und die in der Abbildung 3.7 durch die komplexe Impedanz Z_{d} dargestellt ist.

Ein weiterer Nachteil der kapazitiven Kopplung ist die fehlende Möglichkeit der Impedanzanpassung. Wenn notwendig, muss diese zum Beispiel mittels eines Übertragers realisiert werden, der in Abhängigkeit des Windungsverhältnisses eine entsprechende Impedanztransformation vornimmt. Auch ein integrierter Transientenschutz – wie es beispielsweise bei der induktiven Kopplung der Fall ist – ist hier nicht gegeben. Dieser muss zusätzlich implementiert werden; wird für die weiteren Simulationen jedoch nicht betrachtet. Die Nachteile werden durch die äußerst simple Struktur und die günstige Implementierung aufgewogen, sodass die kapazitive Koppelstruktur alles in allem eine geeignete Lösung für die Ankopplung der PLC-Signale bietet.

3.2.3. Entkopplungsstrukturen

Eine Entkopplung ist notwendig, wenn das Bordnetz in mehrere eigenständige PLC-Subnetzwerke geteilt werden soll oder wenn niederohmige Verbraucher die PLC-Signale zu stark dämpfen. Letzteres ist insbesondere bei der kapazitiven Kopplung der Fall, bei der das PLC-Modem direkt parallel zum Steuergerät liegt.

Grundsätzlich eignet sich jeder Tiefpass als Entkopplungsstruktur. Da jedoch das Bordnetz hohe Gleichströme führt, sind Widerstände als Längselemente angesichts der ohmschen Verluste nicht zweckmäßig. Im einfachsten Fall kann eine Spule mit der Induktivität L_{d} als Längselement für eine Entkopplung benutzt werden. Diese muss dabei so dimensioniert sein, dass zum Einen der maximal zu erwartende Strom geführt werden kann und zum Anderen eine hinreichend hohe Dämpfung der PLC-Signale gegeben ist. Dazu sollte die Impedanz $Z_{\text{d}} = \text{j}2\pi f L_{\text{d}}$ deutlich größer als der Modem-Innenwiderstand sein, der das Querelement des Tiefpasses darstellt; beziehungsweise die Grenzfrequenz f_{g} des Tiefpasses muss unterhalb der PLC-Frequenzen sein. Außerdem sollte die Eigenresonanzfrequenz der Spule oberhalb der PLC-Frequenzen liegen, damit parasitäre Kapazitäten die Impedanz im relevanten Frequenzbereich nicht herabsetzen. Ist der zu entkoppelnde Verbraucher kapazitiv, wie zum Beispiel ein Steuergerät mit der Kapazität C_{ECU}, ist es essentiell, dass die Resonanzfrequenz f_0 aus L_d und C_{ECU}, die gleichzeitig die Grenzfrequenz dieses LC-Tiefpasses darstellt, unterhalb der PLC-Frequenzen liegt, um eine ausreichende Entkopplung zu bewirken.

$$f_0 = \frac{1}{2\pi\sqrt{LC}} \tag{3.16}$$

Um das Bordnetz in mehrere Subnetzwerke zu segmentieren, in denen eigenständige PLC-Netzwerke ohne große gegenseitige Beeinträchtigung eingesetzt werden können, eignen sich besonders LC-Filterhalbglieder in T-Schaltung. In Abbildung 3.8 ist beispielsweise eine solche Entkopplungsstruktur für die Segmentierung in zwei Subnetzwerke zu sehen.

Der Vorteil dieser Schaltung ist, dass durch die Verbindung von zwei LC-Filterhalbgliedern sehr hohe Dämpfungen zwischen den zwei Subnetzwerken erzielt werden können. Dazu wird eine Grenzfrequenz des Tiefpasses unterhalb der PLC-Frequenzen gewählt. Damit gleichzeitig die PLC-Signale innerhalb eines Subnetzwerkes keine

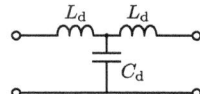

Abbildung 3.8: Entkopplungsstruktur für Bordnetz-Segmentierung

große Dämpfung erfahren, muss die Belastung durch die Entkopplungsstruktur möglichst gering sein, das heißt die Impedanz der Entkopplungsstruktur muss deutlich größer als der Modem-Innenwiderstand sein:

$$j2\pi f L_d + \frac{1}{j2\pi f C_d} \gg R_i \tag{3.17}$$

Mit Hilfe der zwei erwähnten Bedingungen können die Werte für die Kapazität und Induktivität festgelegt werden. Dabei sind außerdem parasitäre Effekte der Bauteile von Bedeutung. Die Anbindung der Kapazität C_d an Masse sollte möglichst kurz sein, um den Einfluss parasitärer Induktivitäten vernachlässigbar klein zu halten; ebenso muss die Eigenresonanzfrequenz der Induktivitäten L_d hinreichend groß sein. Darüber hinaus müssen diese Induktivitäten für hohe Ströme ausgelegt sein, da sie Bordnetz-Segmente miteinander verbinden, die gegebenenfalls sehr große Lasten mit Energie versorgen.

Für die Realisierung von Induktivitäten können Luftspulen verwendet werden oder Spulen mit Kernmaterialien, die das Magnetfeld bündeln und damit kleinere Baugrößen erlauben. Bei letzterem kommen häufig Ferrite zum Einsatz, die zum Beispiel bei Entstördrosseln in der Praxis Anwendung finden. Ferrite sind keramische Werkstoffe, die aufgrund ihrer hohen magnetischen Leitfähigkeit μ (Permeabilität) besonders gut geeignet sind, um Induktivitäten zu realisieren. Die Impedanz berechnet sich dabei wie folgt [32]:

$$Z_d = \text{j}2\pi f \cdot L_0 \mu_r(f) \tag{3.18}$$

Dabei ist L_0 die geometrische Induktivität ohne Spulenkern, die für Ringkerne mit folgender Formel gut abgeschätzt werden kann [18].

$$L = \frac{\mu A}{l_{\text{eff}}} N^2 \tag{3.19}$$

Hierbei ist A die Querschnittsfläche des Ringkerns und l_{eff} der mittlere Umfang des geschlossenen Ringes; N beschreibt die Anzahl der Windungen. Der Ferrit als Spulenkern besitzt eine frequenzabhängige, komplexe relative Permeabilität μ_r [32]:

$$\mu_r(f) = \mu_r'(f) - \text{j}\mu_r''(f) \tag{3.20}$$

Der Imaginärteil μ_r'' beschreibt hier die Ummagnetisierungsverluste. Die Impedanz ergibt sich dementsprechend mit den Gleichungen (3.18) und (3.20) zu:

$$Z_d = \underbrace{2\pi f \cdot L_0 \mu_r''(f)}_{R_s} + \text{j}2\pi f \cdot \underbrace{L_0 \mu_r'(f)}_{L_s} \tag{3.21}$$

Somit kann eine Spule mit Ferritkern als eine Serienschaltung mit der frequenzabhängigen Induktivität L_s und dem ebenfalls frequenzabhängigen Widerstand R_s betrachtet werden. Typische Frequenzverläufe für die Permeabilität eines Ferriten sind in der Abbildung 3.9 zu sehen. Ferrite aus Mangan-Zink (MnZn) eignen sich zum Beispiel ausgezeichnet für die Dämpfung von Frequenzen kleiner 50 MHz, da in diesem Frequenzbereich der Imaginärteil μ_r'' und damit die ohmschen Verluste besonders groß sind. Die weit verbreiteten Ferrite aus Nickel-Zink (NiZn) sind dagegen bis etwa 250 MHz wirksam und zeichnen sich durch eine leicht geringere Permeabilität aus. Ferrite aus Eisenpulver sind hingegen nicht geeignet, da sie ab etwa 20 MHz keine Wirkung haben [40].

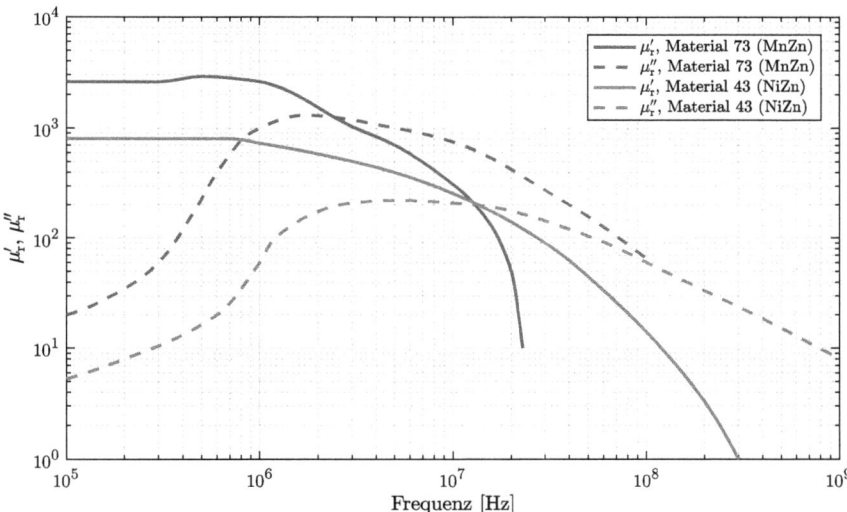

Abbildung 3.9: Komplexe Permeabilität μ in Abhängigkeit der Frequenz für typische EMV-Ferrite aus dem Material 73 (MnZn) und 43 (NiZn) von Fair-Rite [41]

Ein Nachteil von Ferriten ist das nichtlineare Verhalten der relativen Permeabilität. Bei einem zu hohen Strom geht das Material in Sättigung; die relative Permeabilität μ_r läuft gegen eins [42]. Somit verliert der Ferrit seine Wirkung, weshalb der maximal zu erwartende Strom bei der Auslegung einer Ferrit-Entkopplung zwingend berücksichtigt werden muss. Die Sättigungsflussdichte B_{sat} des Kernmaterials ist hierbei von entscheidender Bedeutung. Für Mangan-Zink liegt diese bei 440 mT; bei Nickel-Zink ist eine etwa halb so große Sättigungsflussdichte zu beobachten [40]. Der Sättigungsstrom I_{sat} kann mit Hilfe des Durchflutungsgesetzes abgeschätzt werden [42]:

$$I_{\mathrm{sat}} = \frac{B_{\mathrm{sat}} l_{\mathrm{eff}}}{\mu_r \mu_0 N} \tag{3.22}$$

Dabei ist l_{eff} die mittlere Weglänge des geschlossenen Ringkerns, die für hohe Sättigungsströme demzufolge groß gewählt werden sollte. Um Bauraum zu sparen, ist es möglich, durch Einfügen eines Luftspalts mit der Länge l_{gap} die effektive mittlere Weglänge l_{eff} zu vergrößern, während die geometrische Länge l konstant bleibt [43].

$$l_{eff} = l + l_{gap}\mu_r \tag{3.23}$$

Allerdings ist die Induktivität L nach Gleichung (3.19) antiproportional zu der mittleren Weglänge, womit diese nicht zu groß gewählt werden darf. Um für eine bestimmte Induktivität L das erforderliche Bauvolumens $V = A \cdot l$ abzuschätzen, werden daher die Gleichungen (3.19), (3.22) und (3.23) ineinander eingesetzt:

$$V = A \cdot l = \frac{LI_{sat}}{B_{sat}N} \cdot \left(\frac{\mu_0\mu_r I_{sat} N}{B_{sat}} - \mu_r l_{gap} \right) \tag{3.24}$$

Streueffekte sind hierbei nicht berücksichtigt, sodass die Gleichung nur gilt, wenn $\mu_r \gg 1$ und $l_{gap} \ll l$ ist [43]. Die Gleichung zeigt, dass das Volumen – und damit auch das Gewicht – in erster Abschätzung quadratisch mit dem Sättigungsstrom wächst, bei hinreichend großem Luftspalt jedoch beliebig kleine Baugrößen realisierbar sind, solange oben genannte Bedingungen erfüllt sind. Ferner definiert der nötige Kabelquerschnitt, der auf Basis des tolerierbaren Spannungsabfalls und Temperaturanstiegs dimensioniert werden muss, eine untere Schranke des Volumens, da die mittlere Weglänge l auf Grund der Kabelwicklung nicht beliebig klein sein kann. Beispielsweise benötigt die Entkopplung eines 500 W Verbrauchers im 12 V Bordnetz ein Ferrit mit einer Querschnittsfläche von $1\,cm^2$, einem mittleren Durchmesser von etwa 2 cm und einem Luftspalt von 1,1 mm, um eine Induktivität von 10 µH ohne Sättigungseffekte zu realisieren (bei $N = 10$ und $\mu_r = 1000$).

Ferrite werden darüber hinaus verwendet, um Übertrager für eine induktive Kopplung herzustellen. Aufgrund der hohen Permeabilität eignen sie sich hervorragend, das Magnetfeld zu bündeln, um so eine starke magnetische Kopplung zu gewährleisten. Dies wird im nächsten Abschnitt näher erläutert.

3.2.4. Induktive Kopplung

Die induktive Ankopplung der PLC-Signale verwendet einen Übertrager, der in Reihe mit der Energieversorgungsleitung und dem Verbraucher liegt. In Abbildung 3.10 ist der Übertrager mit dem angeschlossenen PLC-Modem zu sehen, der sich in Reihe zum Steuergerät

(C_{ECU}) befindet. Es ist das Ersatzschaltbild eines Übertragers mit Streuung eingezeich-

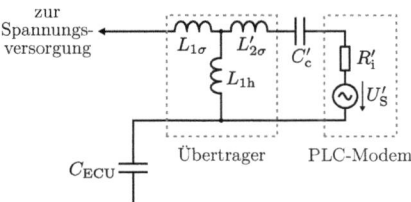

Abbildung 3.10: Induktive Kopplung eines PLC-Signals auf die Energieversorgungs-leitung eines Kfz-Bordnetzes in Gegenwart eines Steuergerätes; verlustloser Übertrager mit Streuung als Ersatzschaltbild

net; die Kupfer- und Eisenverluste sollen vernachlässigt werden. Dabei sind $L_{1\sigma}$ und $L'_{2\sigma}$ die primäre und sekundäre Streuinduktivität und L_{1h} stellt die Hauptinduktivität dar.

Ein Vorteil des Übertragers ist die Möglichkeit, eine Impedanzanpassung zu bewirken, da mit Hilfe des über die Windungszahlen definierten Übersetzungsverhältnisses $\ddot{u} = \frac{N_1}{N_2}$ eine Impedanztransformation vorgenommen werden kann. In der Abbildung sind die Größen der Modem-Seite auf die Bordnetz-Seite bezogen.

$$L'_{2\sigma} = \ddot{u}^2 L_{2\sigma} \tag{3.25}$$

$$C'_{\mathrm{c}} = \frac{C_{\mathrm{c}}}{\ddot{u}^2} \tag{3.26}$$

$$R'_{\mathrm{i}} = \ddot{u}^2 R_{\mathrm{i}} \tag{3.27}$$

$$U'_{\mathrm{S}} = \ddot{u} U_{\mathrm{S}} \tag{3.28}$$

Bei einem gegebenen Innenwiderstand R_{i} des PLC-Modems kann somit eine Impedan-zanpassung vorgenommen werden, indem das Übersetzungsverhältnis $\ddot{u}$ so gewählt wird, dass $Z_{\mathrm{W}} \approx \ddot{u}^2 R_{\mathrm{i}}$ ist.

Des Weiteren wirkt die induktive Kopplung wie ein Bandpass-Filter [18]. Der Kon-densator C_{c} bestimmt hierbei die untere Grenzfrequenz – wie auch bei der kapazitiven Kopplung – und die Summe der beiden Streuinduktivitäten bildet zusammen mit dem Innenwiderstand des Modems einen RL-Tiefpass für die obere Grenzfrequenz.

$$f_g = \frac{R}{2\pi L} \tag{3.29}$$

Die Streuinduktivitäten eines Übertragers lassen sich aus dem Koppelfaktor k und den Spuleninduktivitäten L_i berechnen [42].

$$L_{i\sigma} = L_i - L_{1h} = (1 - k)L_i \text{ mit } 0 \leq k \leq 1 \tag{3.30}$$

Der Koppelfaktor k muss dementsprechend groß genug sein, damit die obere Grenzfrequenz des Bandpasses über der höchsten Frequenz der PLC-Signale liegt. Geeignete HF-Übertrager verwenden aus diesem Grund hochpermeable Ringkerne, zum Beispiel aus Ferritmaterialien, um das magnetische Streufeld möglichst gering zu halten [18]. Die Wahl des Ferritmaterials spielt dabei eine entscheidende Rolle: Zum einen muss die reelle Permeabilität μ_r' und damit zusammenhängend der Koppelfaktor k im relevanten Frequenzbereich sehr groß sein, zum Anderen sollte die imaginäre Permeabilität μ_r'' verschwindend gering sein, um die Ummagnetisierungsverluste vernachlässigbar klein zu halten. Ebenso ist die Sättigungsflussdichte des Ferrits von zentraler Bedeutung, denn der Übertrager muss so dimensioniert sein, dass die Primärspule den Laststrom des Steuergerätes ohne Funktionsbeeinträchtigung tragen kann. Eine Sättigung des magnetischen Kernmaterials durch eine Gleichstrombelastung ist dabei unbedingt zu vermeiden, da in diesem Fall das Kernmaterial infolge der nichtlinearen Kennlinie der Permeabilität die Wirkung verliert, das Magnetfeld zu bündeln – der Koppelfaktor sinkt dadurch [42]. Bei hohen Gleichstrombelastungen ist demgemäß ein hoher Sättigungsstrom anhand einer großen mittleren Weglänge l_{eff} sicherzustellen, die gegebenenfalls mit Hilfe eines eingefügten Luftspalts vergrößert wird. Da allerdings ein Luftspalt einen magnetischen Widerstand bildet, sollte dieser möglichst klein sein, um eine hinreichend große Koppelung zu gewährleisten. Dagegen ist eine Sättigung bei Transienten durchaus erwünscht. Auf diese Weise können Impulse durch den Übertrager gedämpft werden, sodass der Transientenschutz vor dem PLC-Modem entlastet wird.

Die serielle An- und Auskopplung des PLC-Signals hat die Eigenschaft, dass im Prinzip ein Strom in die Energieversorgungsleitungen eingekoppelt wird. Dieser Strom muss ungehindert fließen können und sollte daher auf Seite des Steuergerätes mit der Masse kurzgeschlossen sein. Dies hat den weiteren Vorteil, dass die PLC-Signale nicht die Elektronik des Steuergerätes erreichen, womit die innere EMV sichergestellt ist. Die Aufgabe des HF-Kurzschlusses kann die kapazitive Eingangsbeschaltung mit $C_{\text{ECU}} = 10\,\text{nF}$

übernehmen. Deren Impedanz ist für Frequenzen größer 2 MHz hinreichend gering; die Resonanzfrequenz aus L_1 und C_{ECU} sollte dabei außerhalb der PLC-Frequenzen liegen, damit die PLC-Signale nicht verzerrt werden. Bei einem ohmsch-induktiven Verbraucher, dessen Impedanz nicht hinreichend gering ist, sollte ein zusätzlicher Kondensator parallel zum Verbraucher und damit in Reihe mit dem PLC-Modem angebracht werden, um so den HF-Kurzschluss für die PLC-Signale herzustellen, während gleichzeitig die Funktionalität des Verbrauchers nicht beeinträchtigt wird. Die Eigenschaft der seriellen Ankopplung kann im Übrigen dazu verwendet werden, an einer bestimmten Stelle im Bordnetz die PLC-Signale nur in eine Richtung zu leiten. Der Ort des Kurzschluss-Kondensators definiert dabei die Richtung der PLC-Signale.

3.3. Simulationsergebnisse

In diesem Unterkapitel werden auf Basis der oben beschriebenen Modellierungen und Erkenntnissen Simulationen durchgeführt, um Aussagen über die Leistung der PLC-Datenübertragung im Kfz zu erlangen. Dazu werden im ersten Schritt die Übertragungseigenschaften zwischen zwei PLC-Modems analysiert. Mithilfe des Schaltungssimulators Qucs können direkt die S-Parameter berechnet und daraus die Übertragungsfunktionen bestimmt werden. Auf diese Weise ist eine Abschätzung der Auswirkungen unterschiedlicher Parameter und Konfigurationen möglich. In einem zweiten Schritt erfolgt die Untersuchung der Entkopplungsstrukturen, die insbesondere in Gegenwart von niederohmigen Verbrauchern notwendig sind. Anschließend erfolgt die Bestimmung des Signal-Rausch-Verhältnisses, indem die Ergebnisse der Übertragungsfunktionen, die Untersuchungen zu den Bordnetz-Störungen und die Grenzwerte der CISPR 25 untersucht werden. Die Formulierung der shannonschen Kanalkapazität ermöglicht im Anschluss eine Aussage über die maximal mögliche Datenrate. Abschließend werden die erzielten Ergebnisse zusammengefasst, bevor sie im nächsten Kapitel messtechnisch verifiziert werden.

3.3.1. Eigenschaften der Übertragungsstrecke und Koppelnetzwerke

Das im Abschnitt 3.1.2 beschriebene Bordnetzmodell sowie die Modellierungen der Koppelnetzwerke aus Kapitel 3.2 finden nun für die weiteren Simulationen Anwendung. Die Vernachlässigung der komplexen Bordnetzstruktur und nichtlinearer Effekte bei den Koppelnetzwerken – wie die magnetische Sättigung der Übertrager oder nichtlinearen Kennlinien von Schutzdioden – sowie die Reduzierung des PLC-Modems auf eine Signalquelle plus Innenwiderstand führen zu einem Modell, das unkompliziert im Schaltungssimulator Qucs implementiert werden kann und trotzdem Aussagen über die PLC-Übertragungseigenschaften zulässt. Die PLC-Frequenzen liegen bei dem in dieser Arbeit verwendeten Modem „PLC Stamp 1" zwischen 2 und 28 MHz, sodass die Simulationen in dem erweiterten Bereich von 0,1 bis 50 MHz erfolgen. Für eine Bewertung der Qualität der Übertragungsstrecke wird bei den Darstellungen eine lineare Frequenzachse gewählt, da auch die einzelnen OFDM-Subträger mit den Nachrichtensignalen linear über den entsprechenden Frequenzbereich verteilt sind.

Zunächst wird der optimale Innenwiderstand der PLC-Modems ermittelt. Dazu werden an den beiden äußeren Enden des Bordnetzmodells direkt zwei Modems mit variablen Innenwiderstand R_i angeschlossen; an der Verzweigung in der Mitte soll ein Widerstand mit $R = R_i$ den Einfluss eines passiven Modems nachbilden, das nicht an der Kommunikation beteiligt ist, dennoch mithört. Abbildung 3.11 zeigt den über den Bereich der PLC-Frequenzen gemittelten Übertragungsfaktor $E\{|H|\}$, aufgetragen über den Innenwiderstand R_i. Ohne ein passives Modem liegt der optimale Innenwiderstand bei 60 Ω; mit passivem Modem bei 80 Ω.

Zu erklären ist der Unterschied dadurch, dass ein kleiner Innenwiderstand gleichzeitig eine hohe Last für die PLC-Signale bedeutet. Sind mehrere Modems verbaut, ist diese Last aufgrund der parallelen Verschaltung der Modems noch größer. Zudem legt der Verlauf der Kurven den Schluss nahe, dass eher ein höherer Innenwiderstand anzustreben ist, da in die-

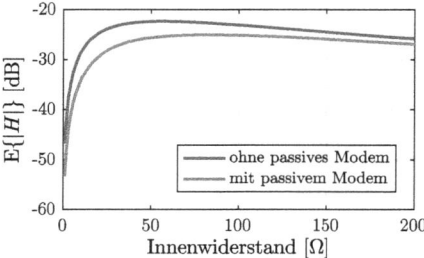

Abbildung 3.11: Gemittelte Übertragungsfunktion in Abhängigkeit des Modem-Innenwiderstandes

sem Fall mit weniger Performance-Nachteilen zu rechnen ist. Beim „PLC Stamp 1" mit $R_i = 150\,\Omega$ ist folglich eine Impedanzanpassung nicht notwendig, zumal der Übertragungsfaktor in diesem Fall nur 1 bis 2 dB kleiner ist als das Optimum.

Die Übertragungsfunktionen zwischen den äußeren beiden PLC-Modems mit den unterschiedlichen Koppelnetzwerkstrukturen sind der Abbildung 3.12 zu entnehmen. Die

Simulationen sind bei drei verschiedenen Konfigurationen durchgeführt worden: erstens ohne eine Verzweigung in der Mitte, zweitens mit einem Steuergerät an der Verzweigungsstelle und drittens mit einem passiven PLC-Modem. Bei der kapazitiven Kopplung ist in diesem Fall eine ideale Entkopplung des Steuergerätes angenommen. Bei der induktiven Kopplung wird ein Übertrager mit der Spuleninduktivität $L_{1,2} = 50\,\mu\mathrm{H}$ und dem Koppelfaktor $k = 0,9979$ verwendet. Diese Werte stimmen mit denen eines kommerziellen Übertragers überein, sodass die Simulationsergebnisse mit messtechnischen Ergebnissen aus Kapitel 4 verglichen werden können.

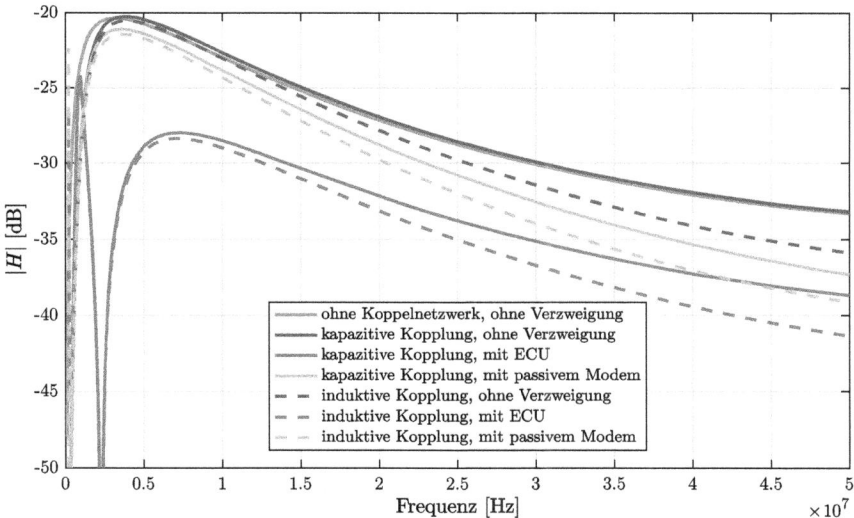

Abbildung 3.12: Übertragungsfunktionen mit kapazitiven und induktiven Koppelnetzwerken sowie ohne Koppelnetzwerk bei verschiedenen Konfigurationen

Es zeigt sich, dass eine Verzweigung generell eine Verschlechterung der Übertragungseigenschaften bedeutet. Bei einem passiven Modem, modelliert durch den Innenwiderstand $R_\mathrm{i} = 150\,\Omega$, ist eine Dämpfung von höchstens 3 dB zu beobachten. Ein Netzwerk von weiteren Modems bewirkt folglich eine zusätzliche Dämpfung. Kritischer ist in diesem Zusammenhang der Effekt kapazitiver Verbraucher, wie Steuergeräte. Hierbei ist eine zusätzliche Dämpfung von bis zu 5 dB festzustellen; ebenso ein tiefer Einbruch im Frequenzspektrum bei 2,2 MHz, bewirkt durch eine Resonanz aus der induktiv geprägten Leitung und der Kapazität C_ECU. Weitere kapazitiv geprägte Verbraucher im Bordnetz beeinträchtigen die PLC-Datenübertragung demnach in einem sehr hohen Maß, wie es bereits im Abschnitt 3.1 der Kanalmodellierung erläutert worden ist.

Zwischen der induktiven und kapazitiven Kopplung sind kaum Unterschiede auszumachen. Im oberen Frequenzbereich machen sich die Streuinduktivitäten des Übertragers bemerkbar, sodass die induktive Kopplung hier etwa 2 dB niedrigere Werte erzielt. Die Ergebnisse zeigen zudem, dass kaum ein Nachteil zu erwarten ist, wenn eine Kombination der induktiven und kapazitiven Kopplung in einer Übertragungsstrecke gebraucht wird, wenn demnach das eine Modem eine kapazitive und das andere eine induktive Kopplung verwendet. In diesem Fall bewegt sich die Übertragungsfunktion offenkundig zwischen der kapazitiven und induktiven Kopplung.

Insgesamt kann beobachtet werden, dass die kapazitive Kopplung weniger Verluste aufweist, da sie nahezu identisch mit der Übertragungsfunktion ohne Koppelnetzwerk ist. Sie bewirkt ab etwa 4 MHz sogar eine leichte Anhebung der Übertragungsfunktion im Vergleich ohne Koppelnetzwerk. Dieser Effekt kann mit der komplexen Impedanzanpassung erklärt werden. Um Reflexionen zu vermeiden, muss die Abschlussimpedanz, hier ohmschkapazitiv aufgrund der Koppelkapazität, gleich der komplex konjugierten Zugangsimpedanz sein, die in diesem konkreten Fall induktiv geprägt ist, wie Simulationen zeigen.

3.3.2. Eigenschaften der Entkopplungsstrukturen

Insbesondere bei der kapazitiven Kopplung ist eine ausreichende Entkopplung der PLC-Signale unverzichtbar, denn ein PLC-Modem liegt in diesem Fall in unmittelbarer Nähe zum Verbraucher, hier ein mit der Kapazität $C_{ECU} = 10\,\mathrm{nF}$ modelliertes Steuergerät. Dieses stellt einen Kurzschluss für PLC-Signale dar, wie es bereits im Abschnitt 3.2.2 erläutert worden ist. Daher wird die Übertragungsfunktion der kapazitiven Kopplung als Beispiel verwendet, um den Einfluss verschiedener Entkopplungen aufzuzeigen. Abbildung 3.13 zeigt die entsprechenden Simulationsergebnisse. Nicht berücksichtigt sind hierbei parasitäre Effekte und Sättigungserscheinungen, die durch hohe Gleichströme entstehen können und negative Effekte auf die Entkopplung haben.

Die Entkopplung der parallel zum Modem gelegenen Kapazität C_{ECU} ist zum Beispiel mit Induktivitäten von wenigen µH möglich. Dabei erreicht eine Induktivität von 10 µH eine nahezu vollständige Entkopplung, was durch die starke Ähnlichkeit mit der Über-

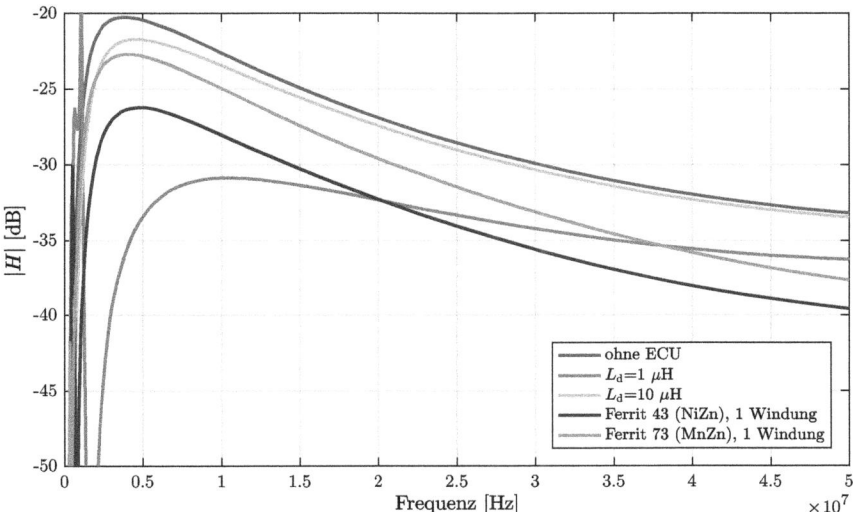

Abbildung 3.13: Übertragungsfunktionen der kapazitiven Kopplung mit verschiedenen Entkopplungen der ECU

tragungsfunktion ohne ECU bestätigt wird. Die Resonanzfrequenz aus L_d und C_{ECU}, die in diesem Fall bei etwa 500 kHz liegt, kann als unkritisch bezeichnet werden, weil sie nicht innerhalb der PLC-Frequenzen liegt und damit keine Verzerrung der Datensignale bewirkt.

Bei der Verwendung von Ferriten wird die Resonanz durch die zusätzliche ohmsche Wirkung des Ferritmaterials gedämpft. Besonders das Material 73 (MnZn) von Fair-Rite [41] weist im unteren MHz-Bereich eine hohe reelle als auch imaginäre Permeabilität auf, sodass es aufgrund der starken induktiven sowie ohmschen Wirkung für die Dämpfung von PLC-Signalen ausgezeichnet geeignet ist. Für die Simulation wird ein Ringkern mit einer Länge von 30 mm, einem Außendurchmesser von 16 mm und einem Innendurchmesser von 8 mm angenommen. Dabei handelt es sich um eine typische Baugröße von Ferriten, sodass die Simulationsergebnisse mit messtechnischen Ergebnissen aus Kapitel 4 verglichen werden können. Mit Hilfe von Gleichung (3.19) ergibt sich aus den Abmessungen eine Spuleninduktivität ohne Kernmaterial von 6,3 nH ($N = 1$). Die Simulationen sind unter Berücksichtigung der frequenzabhängigen, komplexen Permeabilität erfolgt und zeigen, dass ein Ferrit mit einer Windung bereits eine gute Entkopplung sicherstellt. In diesem

Fall ist die Übertragungsfunktion etwa 3 dB niedriger als die Idealkurve. Das Material 43 (NiZn) von Fair-Rite eignet sich hingegen weniger gut; hier ist eine etwa 7 dB höhere Dämpfung im Vergleich zur Idealkurve zu beobachten. Für eine stärkere Entkopplung kann des Weiteren eine höhere Windungszahl gewählt werden, denn die Impedanz steigt quadratisch mit der Windungszahl (siehe Gleichung (3.19)).

Die oben beschriebenen Ergebnisse beziehen sich speziell auf die Entkopplung des Steuergerätes bei der kapazitiven Koppelstruktur. Bei der induktiven Kopplung sind die erwähnten Entkopplungsmaßnahmen nicht erforderlich, da hier die Kurzschluss-Wirkung des Steuergerätes erwünscht ist, um keine zusätzliche Dämpfung der PLC-Signale zu verursachen.

Die Möglichkeiten der Entkopplung niederohmiger Verbraucher im Bordnetz werden im Folgenden an der Entkopplung einer ECU an der Verzweigungsstelle des Bordnetzmodells aufgezeigt. Die ECU mit einer Kapazität von 10 nF weist im relevanten Frequenzbereich eine Impedanz von im Durchschnitt 1,6 Ω auf, was näherungsweise einer 0,17 m lange Leitung mit einem Induktivitätsbelag von 1 µH/m gleichkommt, sodass die Ergebnisse sich auch auf andere niederohmige Verbraucher mit entsprechender Zuleitungslänge verallgemeinern lassen. Die über den Frequenzbereich von 2 bis 28 MHz gemittelten Übertragungsfunktionen für die verschiedenen Entkopplungsstrukturen veranschaulicht Abbildung 3.14.

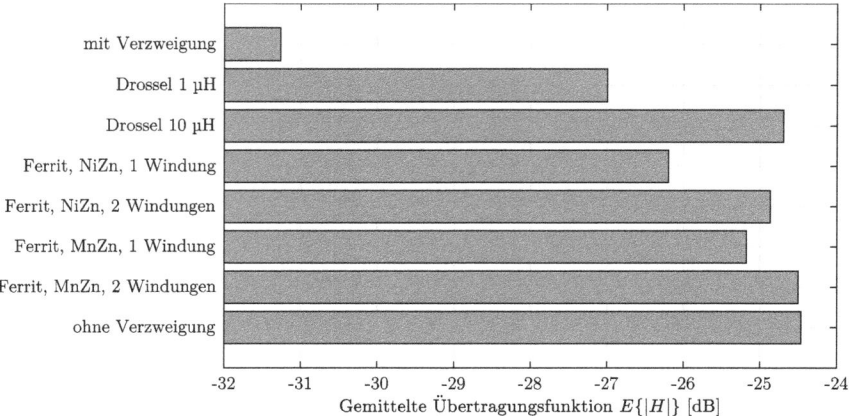

Abbildung 3.14: Gemittelte Übertragungsfunktionen ohne Koppelnetzwerk mit verschiedenen Entkopplungen der ECU an der Verzweigungsstelle

Grundsätzlich ist eine Entkopplung von niederohmigen Verbrauchern zu empfehlen, denn es ist dem betrachteten Fall eine Anhebung der Übertragungsfunktion von 4 bis 7 dB zu erkennen, je nach Entkopplungsstruktur. Eine vollständige Entkopplung wird erzielt, wenn eine Drossel mit einer Induktivität von 10 µH oder ein Klappferrit mit zwei Windungen verwendet wird, wobei festgehalten werden kann, dass sich Ferrite aus Mangan-Zink prinzipiell besser eignen. Diese Ergebnisse beziehen sich auf die Entkopplung von Verbrauchern mit relativ kurzen Zuleitungen. Bewegt sich jedoch die Leitungslänge zwischen Verzweigungsstelle und Verbraucher im Bereich der Wellenlänge der PLC-Signale, so ist ein wellenwiderstandsrichtiger Abschluss zu bevorzugen; denn Reflexionen an einem vollständig entkoppelten Verbraucher könnten infolge längerer Leitungen zu unerwünschten Interferenzerscheinungen führen. Hierzu kann beispielsweise die ohmsche Wirkung von Ferriten ausgenutzt werden, indem diese so dimensioniert werden, dass der ohmsche Anteil in etwa dem Leitungswellenwiderstand entspricht.

Für die Bewertung der Entkopplungsstrukturen für die Bordnetz-Segmentierung wird das in Abbildung 3.15 gezeigte Modell verwendet. Es wird eine S-Parameter Simulation an

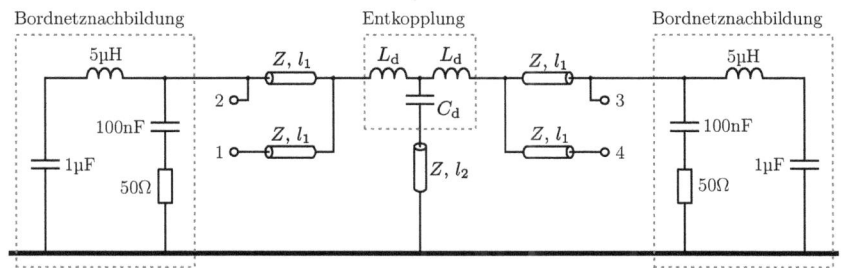

Abbildung 3.15: Bordnetzmodell mit einer Entkopplungsstruktur für die Realisierung von zwei Subnetzwerken ($Z = 300\,\Omega$, $l_1 = 0{,}75\,$m, $l_2 = 0{,}25\,$m)

vier Anschlüssen durchgeführt. Dabei formt die Strecke 1-2 ein Kommunikationskanal innerhalb des ersten Subnetzwerkes, während sich die Strecke 3-4 im zweiten Subnetzwerk befindet. Bordnetznachbildungen modellieren das Verhalten des restlichen Bordnetzes. Das Ziel ist, den Transmissionsfaktor S_{21} durch die Entkopplungsstruktur kaum zu beeinflussen, während gleichzeitig der Transmissionsfaktor S_{31} sehr hohe Dämpfungen für eine Entkopplung der Subnetzwerke aufweist. Anhand der oben aufgeführten Ergebnisse bezüglich der Entkopplung von Verbrauchern wird bei den folgenden Simulationen für die

Induktivität L_d eine Spule mit 10 µH und einer Eigenresonanzfrequenz von 25 MHz sowie ein Ferrit aus dem Material 73 (MnZn) von Fair-Rite mit zwei Windungen verwendet. Die Abmessungen des Ferrits sind die gleichen, wie sie oben bei der Entkopplung von Verbrauchern beschrieben sind. Die Kapazität C_d hat einen Wert von 1 µF, sodass die Grenzfrequenz des Tiefpasses im kHz-Bereich liegt. Die Anbindung der Kapazität erfolgt über eine 0,25 m lange Leitung an Masse; außerdem wird untersucht, inwieweit sich die Eigenschaften der Entkopplungsstruktur verschlechtern, wenn eine Masseanbindung nicht möglich ist und die Entkopplungsstruktur nur aus einem Längselement – der Induktivität beziehungsweise dem Ferrit – besteht. Die Simulationsergebnisse sind in Abbildung 3.16 dargestellt.

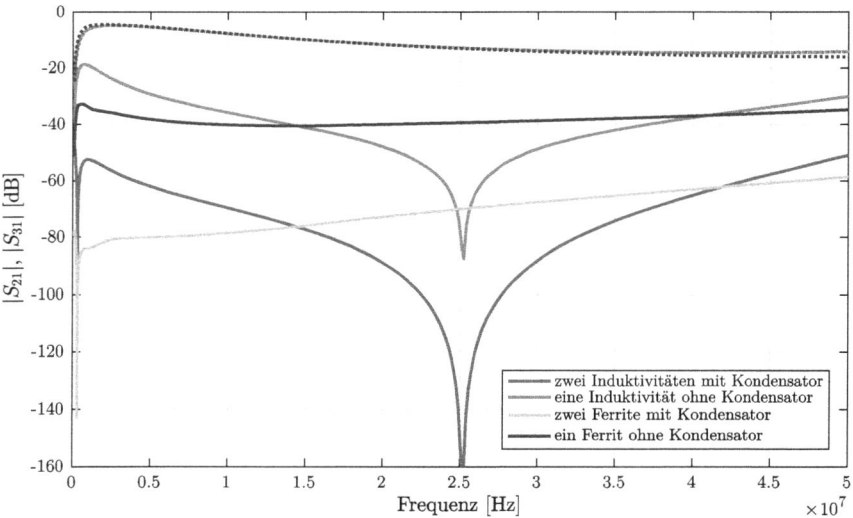

Abbildung 3.16: Transmissionsfaktor S_{21} (gepunktete Linie) und S_{31} (durchgezogene Linie) bei der Bordnetz-Segmentierung

Es ist deutlich zu erkennen, dass die Entkopplungsstruktur kaum Einfluss auf die Übertragungseigenschaften innerhalb eines Subnetzwerkes hat, denn der Transmissionsfaktor S_{21} ist für alle betrachteten Fälle nahezu identisch und gleicht denen aus Unterkapitel 3.3.1. Ein sehr großes Maß der Entkopplung zwischen zwei Subnetzwerken wird mit der Verwendung einer Induktivität von 10 µH erzielt. In diesem Fall ist eine Dämpfung von mehr als 60 dB möglich. Die Eigenresonanzfrequenz der Induktivität ist – wie in der

Abbildung deutlich zu sehen ist – von entscheidender Bedeutung und muss hinreichend groß sein, um keine wesentliche Reduzierung der Filterwirkung hervorzurufen. Ähnliche Dämpfungen lassen sich mit dem Einsatz von Ferriten erzielen. Vor allem im unteren Frequenzbereich sind äußerst hohe Dämpfungen von etwa 80 dB zu erreichen; bei höheren Frequenzen verliert das Ferritmaterial zunehmend an Wirkung aufgrund einer kleineren Permeabilität.

Wird auf das Querelement des Tiefpasses, die Kapazität, verzichtet, so ist eine 30 bis 40 dB geringe Dämpfung festzustellen. Inwieweit solche Dämpfungen noch ausreichend sind, um eine Bordnetz-Segmentierung sicherzustellen, hängt von verschiedenen Faktoren ab. Grundsätzlich muss die Entkopplungsstruktur gewährleisten, dass Signalpegel innerhalb eines Subnetzwerkes immer größer sind als die von fremden Subnetzwerken. Darüber hinaus muss die Koexistenz von mehreren PLC-Netzwerken in das Netzwerkprotokoll verankert werden, vor allem im MAC-Layer, sodass ein Medienzugriff auch dann erfolgt, wenn das Modem ein schwaches Signal aus einem fremden Subnetzwerk empfängt, das jedoch mit einem stärkeren Signal überlagert werden kann.

Weitere Möglichkeiten für die Segmentierung eines Bordnetzes sind Multiplexverfahren, die zum Beispiel den Zeit- oder Frequenzbereich in mehrere Abschnitte oder Kanäle aufteilen, die den verschiedenen Subnetzwerken zugeordnet werden [17]. Eine gegenseitige Beeinflussung oder Störung ist damit ausgeschlossen. Der Vorteil ist, dass keine Entkopplungsstrukturen notwendig sind; allerdings sinkt durch diese Verfahren die maximale Datenrate. Es ist somit ein Kompromiss zwischen Aufwand und Nutzen zu finden.

3.3.3. Einfluss von Störungen

Störungen – in Form von Impulsen oder schmal- und breitbandigem Rauschen – können zum Einen zur Beschädigung des Modems führen und zum Anderen die Zuverlässigkeit der PLC-Datenübertragung beeinträchtigen. Inwieweit Störungen durch Koppelnetzwerke gedämpft werden, verdeutlichen die Übertragungsfunktionen in Abbildung 3.17. Diese werden simulativ bestimmt, indem direkt am Koppelnetzwerk eine Signalquelle mit einem 50 Ω Innenwiderstand angeschlossen wird und die Spannung am Modem-Innenwiderstand gemessen wird; das Bordnetzmodell findet hierbei keine Verwendung. Zu erkennen ist bei beiden Koppelnetzwerkvarianten die Hochpasswirkung. Diese sorgt dafür, dass niederfrequente Störungen das PLC-Modem nicht erreichen. Der Aufwand für eine weitere Signalfilterung und für den Transientenschutz reduziert sich dadurch.

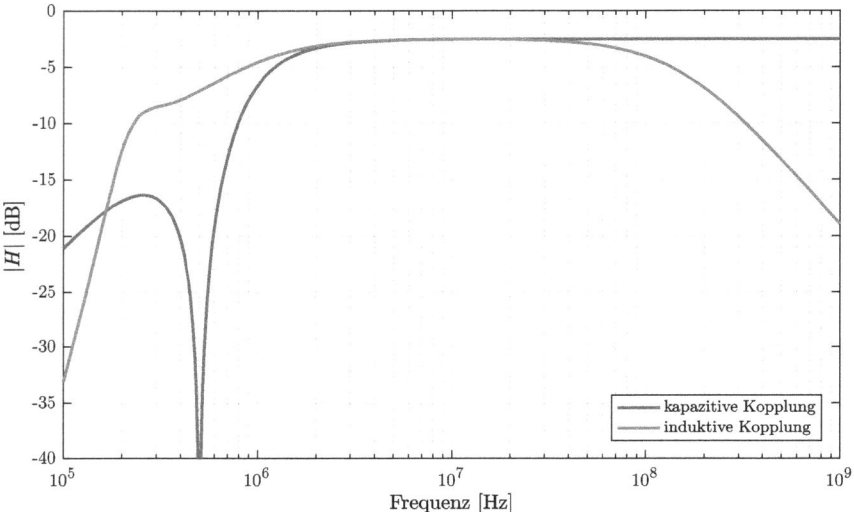

Abbildung 3.17: Übertragungsfunktion der kapazitiven und induktiven Koppelnetzwerkstruktur

Bei der kapazitiven Kopplung ist die Entkopplung des Steuergerätes C_{ECU} durch eine Entkoppelinduktivität $L_d = 10\,\mu H$ berücksichtigt. Hieraus resultiert die Resonanz bei $500\,kHz$, die aufgrund der zusätzlichen Dämpfung als nicht kritisch anzusehen ist. Bei der induktiven Kopplung hingegen ist eine Reihenresonanz aus der Primärinduktivität L_1 des Übertragers mit dem dazu in Serie gelegenen Steuergerät C_{ECU} zu beobachten. Diese liegt in diesem Fall bei etwa $220\,kHz$ und wird nur durch den Innenwiderstand der Signalquelle begrenzt. Simulationen zeigen, dass Störungen, die mit geringen Innenwiderständen modelliert werden, Resonanzüberhöhungen bei oben erwähnter Frequenz hervorrufen können. Dies sollte bei der Auslegung des Übertragers berücksichtigt werden.

Während die kapazitive Kopplung nur einen Hochpass realisiert, bietet die induktive Kopplung die Möglichkeit, einen Bandpass zu realisieren. Hier können die Streuinduktivitäten gezielt genutzt werden, um zusammen mit dem Innenwiderstand des Modems eine obere Grenzfrequenz einzustellen; die untere Grenzfrequenz wird – analog zur kapazitiven Kopplung – durch den Koppelkondensator $C_c = 1\,nF$ bestimmt, sodass der Bandpass bei circa 1 MHz beginnt. Da bei einem gegebenen Übertrager die Streuinduktivitäten nicht zu beeinflussen sind, können Induktivitäten in Serie mit dem Übertrager eingefügt werden, um die Grenzfrequenz zu verändern [18]. Bei dem in dieser Arbeit verwendeten Übertrager mit $L_{1\sigma} + L'_{2\sigma} = 200\,\text{nH}$ ergibt sich ohne zusätzliche Induktivitäten eine Grenzfrequenz von $f_g = 120\,\text{MHz}$. Die Wirkung der frequenzabhängigen Permeabilität des Übertrager-Ringkerns wird in den Simulationen vernachlässigt. Die Wahl des Ferritmaterials kann allerdings die Filterwirkung, vor allem im oberen Frequenzbereich – aufgrund ohmscher Verluste und einem frequenzabhängigen Koppelfaktor – entscheidend beeinflussen.

Bei der Beurteilung der Zuverlässigkeit der Datenübertragung spielen EMV-Aspekte eine entscheidende Rolle. Hier ist zum Einen die Störfestigkeit gemeint, das heißt die Beeinflussung der Funktionalität durch äußere Störungen, und zum Anderen die Störaussendung, die Beeinflussung der Funktionalität anderer Komponenten durch selbst verursachte Störungen. Im Falle der PLC-Datenübertragung werden diese beiden Kriterien durch die Sendeleistung S der PLC-Modems und durch die Störleistung N, verursacht von anderen Komponenten, ausgedrückt. Mit diesen Überlegungen kann die shannonsche Kanalkapazität C (in bit/s), die die maximal mögliche Datenrate angibt, in Abhängigkeit des Signal-Rausch-Verhältnisses $\frac{S}{N}$ (SNR) abgeschätzt werden [17].

$$C = B \log_2 \left(1 + \frac{S}{N}\right) \tag{3.31}$$

Angenommen wird ein Übertragungskanal, der durch additives weißes gaußsches Rauschen gekennzeichnet ist. In Abbildung 3.18 ist die theoretisch maximale Datenrate in Abhängigkeit des SNR dargestellt. Der genutzte Frequenzbereich ist dabei auf 2 bis 28 MHz beschränkt, sodass sich eine Bandbreite B von 26 MHz ergibt.

Um eine Datenrate von 1 Mbit/s, wie etwa bei dem Bussystem High-Speed-CAN,
zu erzielen, ist ein SNR von nur $-16\,$dB nötig; eine Datenrate von 150 Mbit/s, wie bei
MOST, erfordert ein SNR von etwa 17 dB.
Dabei ist anzumerken, dass in der Reali-
tät diese Datenraten kaum erreicht werden
können, aufgrund von nicht optimalen Modulationen und Kanalcodierern. Zum Bei-

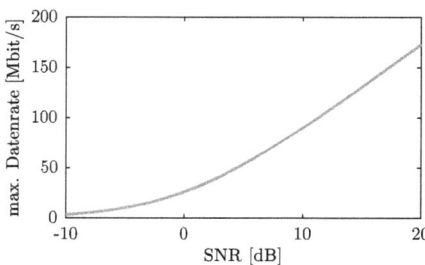

Abbildung 3.18: Maximale Datenrate bei einer Bandbreite von 26 MHz

spiel erzielt der PLC-Standard HomePlug AV Datenraten, die etwa 15 % unter der shannonschen Kanalkapazität liegen [24].

Zur Abschätzung des SNR werden die Mittelwert-Grenzwerte (AV-Grenzwerte) der
Norm CISPR 25 [34] herangezogen. Die einzelnen Grenzwertlinien werden – wie auch im
Abschnitt 3.1.3 – interpoliert, sodass sich ein kontinuierlicher Grenzwertverlauf ergibt.
Dieser ist nicht konstant, weshalb die Gleichung (3.31) mit Hilfe einer integralen Form
angenähert wird.

$$C = \int_{f_1}^{f_2} \log_2\left(1 + \frac{S(f)}{N(f)}\right)\,\mathrm{d}f \qquad (3.32)$$

Die frequenzabhängige Sendeleistung S soll nun der Grenzwertlinie nach Klasse 1 entsprechen, sodass der Norm CISPR 25 bezüglich der Störaussendung entsprochen wird. Im
Mittel ergibt sich so eine Sendeleistung von etwa $-94\,$dBm/Hz, was einem Spannungspegel von 52,4 dBμV bei einem 50 Ω-System und einer Messbandbreite von 9 kHz entspricht.
Dieser Pegel wird infolge der Kanaleigenschaften gedämpft, sodass am Empfängermodem
ein geringerer Pegel zu erwarten ist. Um die Koppelnetzwerkvarianten und die unterschiedlichen Bordnetzstrukturen bewerten zu können, werden die Übertragungsfunktionen aus
dem Unterkapitel 3.3.1 benutzt, um die Signalleistung am Empfängermodem zu bestimmen. Die Störleistung N am Empfängermodem wird jeweils mit den Grenzwertlinien der
fünf verschiedenen Klassen gleichgesetzt. Hier ergibt sich eine Störleistung, die sich im
Mittel zwischen $-94\,$dBm/Hz (Klasse 1) und $-118,5\,$dBm/Hz (Klasse 5) bewegt – beziehungsweise zwischen 52,4 dBμV und 27,9 dBμV. Die so ermittelten theoretisch maximalen
Datenraten sind der Tabelle 3.3 zu entnehmen.

Störleistung nach AV-Grenzwert Klasse	1	2	3	4	5
ohne Kanal	26,07	61,21	108,12	159,43	211,97
ohne Koppelnetzwerk, ohne Verzweigung	0,59	2,42	8,97	26,48	59,10
kapazitive Kopplung, ohne Verzweigung	0,62	2,52	9,31	27,33	60,52
kapazitive Kopplung, mit ECU	0,13	0,52	2,04	7,55	23,54
kapazitive Kopplung, mit passivem Modem	0,47	1,94	7,33	22,30	51,54
induktive Kopplung, ohne Verzweigung	0,56	2,27	8,45	25,10	56,49
induktive Kopplung, mit ECU	0,11	0,45	1,77	6,62	21,04
induktive Kopplung, mit passivem Modem	0,42	1,72	6,57	20,29	47,65

Tabelle 3.3: Theoretisch maximale Datenrate in Mbit/s im Frequenzbereich 2 bis 28 MHz, Sendeleistung nach AV-Grenzwert Klasse 1 (CISPR 25)

Ein Störabstand von etwa 24 dB – dies entspricht dem Abstand von Klasse 1 zu 5 – erlaubt in dem betrachteten Frequenzbereich eine Datenrate von maximal 210 Mbit/s. Die Dämpfungen des Kanals und der Koppelstrukturen reduzieren die Datenrate jedoch um 71 % bis 90 %. Das bedeutet, dass die PLC-Technologie unter diesen Umständen nicht in der Lage ist, das für Multimedia-Anwendungen verwendete Bussystem MOST mit 150 Mbit/s zu ersetzen. Befinden sich die Störungen unterhalb der Klasse 2, während das Sendemodem die Klasse 1 einhält, erzielt die PLC-Übertragung Datenraten, die die vom High-Speed-CAN mit 1 Mbit/s übertreffen. Dies ist nur der Fall, wenn keine Verzweigung mit einer ECU vorhanden ist. Diese reduziert die Datenrate im Durchschnitt um 60 % bis 80 %; während eine Verzweigung mit einem passivem Modem lediglich eine Reduzierung um 15 % bis 25 % bewirkt. Der Unterschied zwischen kapazitiver und induktiver Kopplung drückt sich in einer um 8 % bis 15 % geringeren Datenrate bei der induktiven Koppelstruktur aus, bedingt durch die Streuinduktivitäten und die damit einhergehende nicht ideale Kopplung.

3.3.4. Ergebnis

Die Simulationen zeigen, dass unter gewissen Voraussetzungen die Powerline-Technologie das Potential besitzt, ähnliche Datenraten wie der High-Speed-CAN zu erzielen. Bei genügend großem Störabstand sind in der Theorie sogar Datenraten im zweistelligen Mbit/s-Bereich möglich. Inwieweit jedoch die Störabstände im Kfz erreicht werden können, ist unter anderem eine Frage der Normen. In den Simulationen ist eine Einhaltung der Sendeleistung bezüglich der Klasse 1 nach der CISPR 25 gegeben. Da jedoch die Grenzwerte der Normen sich auf ungewollte Störaussendungen beziehen, die PLC-Übertragung hingegen gewollte Störungen verursacht, ist prinzipiell eine höhere Sendeleistung denkbar, vor allem außerhalb geschützter Frequenzen, wie zum Beispiel Kurzwellenrundfunk. Es bleibt folglich von Standardisierungsgremien zu klären, ob Grenzwerte für die PLC-Technologie angepasst werden können, um sehr hohe Datenraten zu erzielen.

Bezüglich der Koppelnetzwerkstrukturen kann festgehalten werden, dass beide Varianten ähnliche Ergebnisse erzielen. Generell eignet sich die kapazitive Kopplung, als Spannungsübertrager, bevorzugt bei hochohmigen Verbrauchern, während die induktive Kopplung, als Stromübertrager, bei niederohmigen Verbrauchern geeignet erscheint. Auf Grund der höheren Dämpfung bei der induktiven Kopplung und des im Vergleich zum Kondensator teuren Übertragers ist allerdings die kapazitive Kopplung zu bevorzugen, gegebenenfalls mit einer Entkopplungsstruktur, die zum Beispiel durch eine Spule mit $L_\mathrm{d} = 10\,\mu\mathrm{H}$ realisiert werden kann.

Um bessere Übertragungseigenschaften zu erhalten ist es generell empfehlenswert, alle niederohmigen Verbraucher in unmittelbarer Nähe von PLC-Modems mit Hilfe von Spulen oder Ferriten zu entkoppeln. Bei der Auslegung der Entkopplungsstrukturen sind Kosten und Abmessungen sowie Gewicht und maximaler Strom von Bedeutung und gegenüber dem Nutzen abzuwägen. Darüber hinaus können Entkopplungsstrukturen verwendet werden, um das Bordnetz in mehrere eigenständige PLC-Subnetzwerke zu trennen. Mit relativ simplen Strukturen werden Dämpfungen von mehr als 60 dB erzielt, sodass mehrere Subnetzwerke mit gleich hohen Datenraten erschaffen werden können – im Gegensatz zu Frequenz- oder Zeitmultiplexing-Verfahren, die eine Reduzierung der Datenrate bedeuten.

Im nächsten Kapitel werden die oben beschriebenen Ergebnisse aus den Simulationen verifiziert, indem mit Hilfe von Evaluationsboards eine PLC-Übertragungsstrecke aufgebaut wird. An einem Testaufbau können Störfestigkeitsprüfungen durchgeführt werden, um so die Zuverlässigkeit der Datenübertragung in Gegenwart von Störungen bei verschiedenen Konfigurationen und Entkopplungen zu untersuchen.

4. Experimentelle Untersuchungen

Im Folgenden wird zunächst die für die Störfestigkeitsprüfungen verwendete Testumgebung näher erläutert. Insbesondere wird dabei auf das PLC-Evaluationsboard mit seinen charakteristischen Eigenschaften eingegangen. Im Anschluss werden verschiedene Versuche beschrieben, deren Ergebnisse im Hinblick auf die Aussagen der Simulationen diskutiert werden.

4.1. Beschreibung der Testumgebung

In den folgenden Abschnitten wird der Grundaufbau der Testumgebung behandelt, der aus einem vereinfachten Bordnetz besteht. Die beiden mit einem PLC-Modem ausgestatteten Evaluationsboards, die für die Errichtung einer Datenverbindung an zwei Punkten des Bordnetzes angeschlossen sind, werden im Detail beschrieben, ebenso wie die Implementierung der Koppel- und Entkopplungsnetzwerke sowie Rauschquellen.

4.1.1. Grundaufbau

Der Grundaufbau ist eine vereinfachte Nachbildung eines Kfz-Bordnetzes, wie sie im Kapitel 3.1.2 vorgestellt worden ist. In Abbildung 4.1 ist ein Foto des gesamten Versuchsaufbaus zu sehen. Ein 1,5 m langes Kabel mit einem Querschnitt von 0,75 mm^2 liegt auf einer 5 cm dicken Styrofoam-Platte, die wiederum auf einer Aluminiumplatte als Massefläche liegt. Hieraus ergibt sich ein Leitungswellenwiderstand von etwa 320 Ω, der rund 6 % von dem angenommenen Wert in den Simulationen abweicht.

An beiden Enden ist das Kabel mit einer Bordnetznachbildung abgeschlossen, die nach den Vorgaben aus der Norm CISPR 25 [34] gefertigt ist. Messungen der Impedanz zeigen die Übereinstimmung mit der Norm (siehe Anhang A). Eine 12 V Batterie ist in dem Aufbau nicht vorgesehen, da das Hauptaugenmerk auf die Hochfrequenzeigenschaften der Übertragungsstrecke liegt; die Spannungsversorgung der PLC-Modems erfolgt in den Versuchen extern und nicht über das Bordnetz. An den Bordnetznachbildungen werden die PLC-Modems inklusive Koppelnetzwerk mit Hilfe eines 0,25 m langen Hin- und Rückleiters verbunden. In der Mitte des 1,5 m langen Kabels ist eine Verzweigung angebracht, an der mit Hilfe eines ebenfalls 0,25 m langen Hin- und Rückleiters ein passives Modem in Form eines 150 Ω Widerstandes oder ein Steuergerät, modelliert durch ein 10 nF Kon-

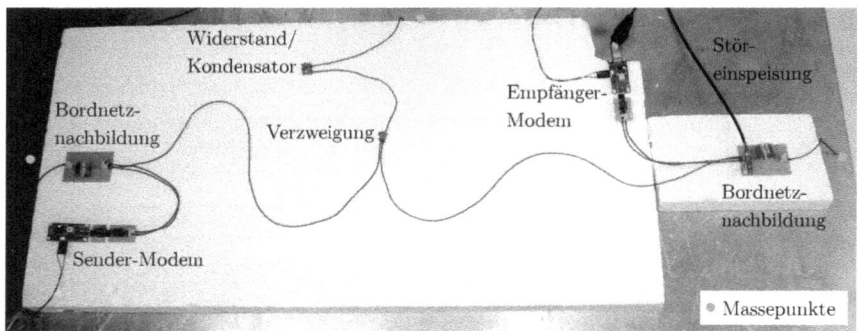

Abbildung 4.1: Foto des verwendeten gesamten Versuchsaufbaus

densator, angeschlossen werden können. Massepunkte mit der Aluminium-Platte befinden sich direkt an den Bordnetznachbildungen und an der Rückleitung der Verzweigung in der Mitte.

Die Messung des Transmissionsfaktors zwischen den beiden Anschlusspunkten der Modems zeigt eine gute Übereinstimmung mit den Simulationen bis etwa 30 MHz. Die Zugangsimpedanz an den Anschlusspunkten weist eine maximale Abweichung von 25 % im relevanten Frequenzbereich auf. Für die Messergebnisse sei auf Anhang A verwiesen.

4.1.2. PLC-Modem

Als PLC-Modem wird das Evaluationsboard „PLC Stamp 1" des Unternehmens I2SE benutzt [44]. Die Abbildung 4.2 zeigt ein Foto des Boards, das in zweifacher Ausführung den Aufbau einer PLC-Übertragungsstrecke ermöglicht.

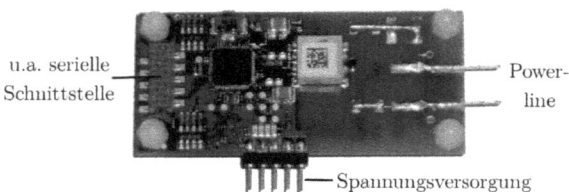

Abbildung 4.2: Foto des Evaluationsboards „PLC Stamp 1"

Das Board basiert auf den PLC-Chip „QCA7000" des Unternehmens Qualcomm Atheros. Dieser Chip ist konform mit der HomePlug Green PHY Spezifikation [45] und unterstützt die robuste OFDM-Modulation (ROBO-Mode), bei der für jede der 917 verwendeten Subträger im Frequenzband von 2 bis 28 MHz eine einfache QPSK-Modulation verwendet wird. Die Robustheit wird außerdem dadurch erhöht, dass die zu versendende Nachricht bis zu fünf Mal kopiert wird, bevor sie verschickt wird. Ein Interleaver sorgt zudem dafür, dass die Kopien zufällig über den Frequenz- und Zeitbereich verteilt sind, sodass kurzzeitige Störer oder schmalbandiges Rauschen nie alle Kopien gleichermaßen beeinflussen. Eine Vorwärtsfehlerkorrektur, die die Datenrate halbiert, versucht schließlich, alle bei der Übertragung verursachten Fehler zu beseitigen. Adaptive Kanalcodierer, die sich an veränderte Eigenschaften der Übertragungsstrecke anpassen, sind in der Green PHY Spezifikation nicht vorgesehen. Alles in allem reduziert sich die Bruttodatenrate dadurch auf 4 bis 10 Mbit/s, je nach Anzahl der Kopien.

Der PLC-Chip wird von einem ARM Cortex M4 Mikrocontroller mittels SPI angesteuert (siehe Abbildung 4.3). Für die Kommunikation zwischen Mikrocontroller und PLC-

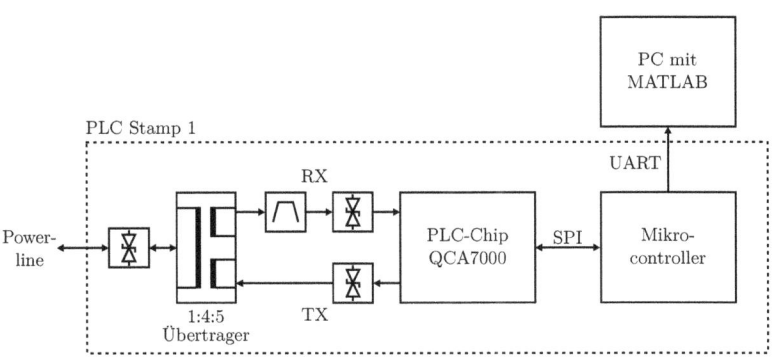

Abbildung 4.3: Blockdiagramm des „PLC Stamp 1" [44]

Chip werden die mitgelieferten Treiber verwendet. Diese sind mit dem Ziel einer stabilen Übertragung konzipiert worden, sodass aufgrund des zusätzlichen Overheads die maximal mögliche Datenrate in der Praxis bei etwa 1,7 Mbit/s liegt. Der Mikrocontroller bietet weiterhin die Möglichkeit einer UART, SPI oder CAN-Schnittstelle für die Kommunikation mit weiteren Komponenten.

In dieser Arbeit wird die serielle Schnittstelle mittels UART verwendet, um eine Verbindung zur Programmierumgebung MATLAB zu erhalten. Dabei wird das eine Board, der Sender, so programmiert, dass es autark ununterbrochen Nachrichtenpakete mit zufälligem Inhalt versendet, während das andere Board, der Empfänger, diese Pakete erhält und die Anzahl der korrekt empfangenen Pakete an MATLAB für die Weiterverarbeitung übermittelt. Infolge des symmetrischen Grundaufbaus ist es hierbei unerheblich, auf welcher Seite der Sender oder Empfänger angebracht ist. Eine Auswertung der Bitfehlerrate auf PHY-Ebene ist nicht möglich, da der PLC-Chip nur Zugriff auf dem höheren MAC-Layer erlaubt. Aus diesem Grund wird bei den folgenden Untersuchungen derjenige Störpegel ermittelt, bei der die Datenrate um 50 % einbricht, bei der durchschnittlich somit nur jedes zweite Paket fehlerfrei übermittelt werden kann.

Die Anbindung des „PLC Stamp 1" an die Powerline erfolgt auf dem Originalboard mit einer an 230 V Netzspannung angepassten kapazitiven Kopplung, die für diese Arbeit herausgelötet worden ist. Der Transientenschutz, in dem Blockdiagramm der Abbildung 4.3 als Suppressordiode zu sehen, ist weiterhin vorhanden. Darüber hinaus wird auf dem Evaluationsboard von einem Übertrager Gebrauch gemacht, der für den Sende- (TX) und Empfangszweig (RX) unterschiedliche Übersetzungsverhältnisse bereitstellt. Direkt vor dem PLC-Chip sind weitere Suppressordioden angebracht sowie ein Bandpassfilter im Empfangszweig, deren Charakteristika nicht öffentlich zugänglich sind. Aus diesem Grund wird das komplette Evaluationsboard als Black-Box betrachtet und der unbekannte Innenwiderstand mit Hilfe eines Netzwerkanalysators ermittelt. Innerhalb des für die PLC-Signale genutzten Frequenzbereichs beträgt die gemessene Eingangsimpedanz im Mittel etwa 150 Ω. Für detaillierte Messergebnisse sei auf Anhang B verwiesen. Die Simulationen haben bereits aufgezeigt, dass eine Impedanzanpassung in diesem konkreten Fall kaum Vorteile mit sich bringt, weshalb für die experimentellen Untersuchungen darauf verzichtet wird.

Die Sendeleistung ist nach der Green PHY Spezifikation auf -50 dBm/Hz begrenzt [45], was einem Spannungspegel von 97 dBμV gleichkommt (50 Ω Messsystem, RBW=9 kHz). Da die Grenzwerte der Klasse 1 nach CISPR 25 bei weitem nicht eingehalten werden, ist demzufolge ein Dämpfungsglied direkt am Sender anzubringen. Es sei angemerkt, dass auch das Empfänger-Modem kurze Pakete versendet zwecks Organisation eines logischen Netzwerks; diese sind jedoch nicht Gegenstand der Untersuchungen und werden dementsprechend nicht gedämpft. Aus Trimmpotentiometern wird die π-Schaltung eines Dämpfungsglieds gefertigt, dessen Parameter empirisch zu ermitteln sind und an der Eingangsimpedanz von 150 Ω angepasst sein müssen, um zusätzliche Reflexionen zu vermeiden. Dazu wird das Sender-Modem ohne Koppelnetzwerk über eine 0,25 m lange Leitung mit einer Bordnetznachbildung verbunden, an dessen 50 Ω-Messport die Spannung mit einem Spektrumanalysator gemessen wird.

Es zeigt sich, dass eine Dämpfung von 30 dB notwendig ist, um die Grenzwertlinien einzuhalten. In der Abbildung 4.4 ist das gemessene und gedämpfte Spektrum zu sehen. Deutlich zu erkennen ist hierbei die so genannte „spektrale Maske": Bestimmte Subträger

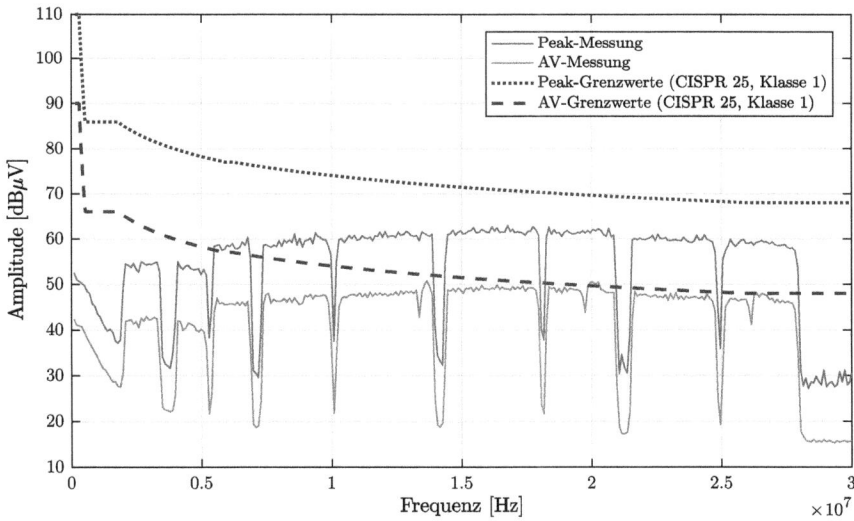

Abbildung 4.4: An der Netznachbildung gemessenes Spektrum des Evaluationsboards mit einer Dämpfung von 30 dB (RBW=9 kHz, VBW=10 kHz, Sweep-Time=40 s)

werden ausgeschaltet, um zum Beispiel Amateurfunkbänder nicht zu stören [45]. In diesem Fall werden etwa 90 % des Frequenzbandes von 2 bis 28 MHz verwendet. Diese Maske kann für die Gegebenheiten im Kfz angepasst werden; da jedoch dazu die Firmware des PLC-Chips verändert werden muss, wird dies im Rahmen dieser Arbeit nicht weiter verfolgt.

4.1.3. Koppel- und Entkopplungsstrukturen

Die kapazitive Kopplung ist durch einen Keramikkondensator mit der Kapazität 1 nF realisiert. Dabei wird angenommen, dass das Steuergerät mit $C_{\text{ECU}} = 10$ nF vollständig entkoppelt ist; in dem Aufbau wird das Steuergerät nicht berücksichtigt. Die Verbindung

mit dem PLC-Modem ist mit Hilfe einer Buchsenleiste steckbar, während der Anschluss
an die Powerline über Schraubklemmen erfolgt (siehe Abbildung 4.5a).

(a)   (b)

Abbildung 4.5: Kapazitive (a) und induktive (b) Koppelstruktur

Bei der induktiven Kopplung wird der in Abbildung 4.5b zu sehende 1:1 Powerline
Übertrager Typ „VAC T60403-K" [46] des Herstellers Vacuumschmelze verwendet. Aus
Messungen resultiert eine Spuleninduktivität $L_{1,2} = 50\,\mu\text{H}$ und eine Streuinduktivität
$L_{1\sigma,2\sigma} = 100\,\text{nH}$. Der Koppelfaktor beträgt damit $k = 0,9979$. Die untere Grenzfrequenz
wird, analog zu der kapazitiven Kopplung, durch einen Keramikkondensator mit der Ka-
pazität $1\,\text{nF}$ festgelegt. Das zum Übertrager in Reihe gelegene Steuergerät bildet ein
Keramikkondensator mit der Kapazität $10\,\text{nF}$.

Für die induktive Kopplung wird weiterhin der Klappferrit 74272733 von Würth verwendet, der aus Mangan-Zink gefertigt ist und eine Länge von $30\,\text{mm}$ sowie einen Innen-
und Außendurchmesser von $8\,\text{mm}$ beziehungsweise $16\,\text{mm}$ aufweist [47]. Indem Leitungen
der Primär- und Sekundärseite im Verhältnis 1:1 um den Ferrit gewickelt werden, entsteht
ein Übertrager ähnlich zu dem oben vorgestellten kommerziellen PLC-Übertrager.

Abbildung 4.6 zeigt die mit einem Netzwerkanalysator gemessenen S-Parameter der
Koppelnetzwerke, die in Übertragungsfunktionen mit den Abschlusswiderständen $R_i = 150\,\Omega$ umgerechnet sind (siehe Gleichung (3.6)), um auf die Weise die korrekte Darstellung
der Grenzfrequenzen zu gewährleisten.

Die Tiefpasscharakteristik ist bei allen Koppelstrukturen sehr ähnlich, bedingt dadurch,
dass in allen Fällen der gleiche Koppelkondensator mit $C_c = 1\,\text{nF}$ verwendet wird. Wie
bereits in den Simulationen gezeigt worden ist, zeichnen sich die induktiven Koppelstrukturen durch eine Bandpasscharakteristik aus. Bei dem kommerziellen PLC-Übertrager
liegt die obere Grenzfrequenz bei $120\,\text{MHz}$ und ist deshalb in der Abbildung 4.6 nicht
zu erkennen; bei der Verwendung von Klappferriten zeigt sich jedoch eine geringere obe-

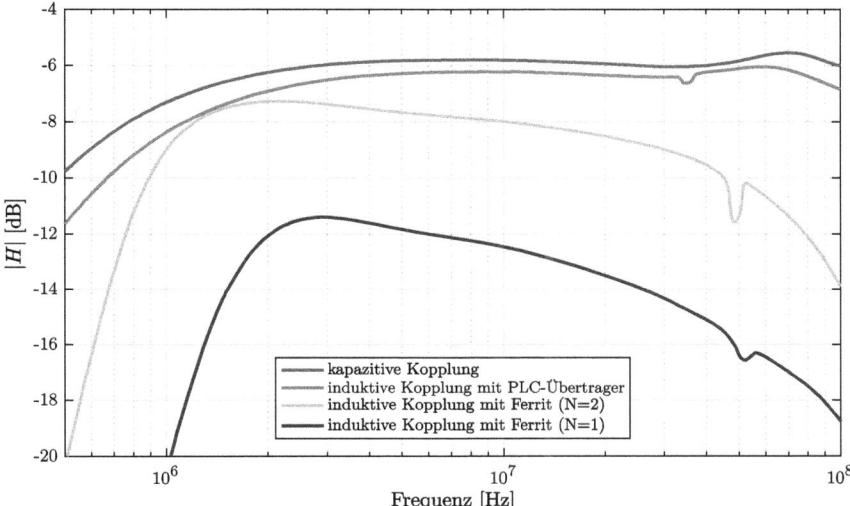

Abbildung 4.6: Übertragungsfunktionen der verschiedenen Koppelnetzwerke bei einem beidseitigen Abschluss mit $R_i = 150\,\Omega$ (aus gemessenen Transmissionsfaktoren berechnet)

re Grenzfrequenz, die mit größeren Streuinduktivitäten und zunehmenden Verlusten im Kernmaterial bei höheren Frequenzen zu erklären ist.

Grundsätzlich kann festgehalten werden, dass der PLC-Frequenzbereich von 2 bis 28 MHz im Bandpassbereich der Koppelnetzwerke liegt. Die Dämpfung der PLC-Signale hängt allerdings stark vom Koppelnetzwerk ab. Vor allem bei Klappferriten ist eine höhere Grunddämpfung – wie die Abbildung 4.6 verdeutlicht – aufgrund des niedrigeren Koppelfaktors zu beobachten, der offenkundig deutlich von der Wicklungszahl N der Primär- beziehungsweise Sekundärwindung abhängt. Die kapazitive Kopplung weist – in Einklang mit den Simulationsergebnissen aus Kapitel 3.3 – fast keine Verluste auf; die Dämpfung von 6 dB resultiert aus dem Spannungsteiler der Innenwiderstände.

Für die Entkopplung von Verbrauchern und für die Segmentierung in Subnetzwerke kommen axial bedrahtete Miniaturdrosseln der Serie EC24 [48] mit Induktivitäten zwischen 1 und 10 µH sowie die aus Mangan-Zink gefertigten Klappferrite von Würth [47], die oben auch als Übertrager vorgestellt worden sind, zum Einsatz. Neben Baugröße, Gewicht und Kosten sind ferner die Sättigungsströme von zentraler Bedeutung, da je nach Verbraucher beziehungsweise Subnetzwerk sehr hohe Ströme durch die Entkopplungsstrukturen fließen, die keinen Einfluss auf die Entkopplung haben dürfen. Bei den Miniaturdrosseln mit einem Durchmesser von 3 mm liegen die maximal zulässigen Ströme unter 0,8 A [48]; beim größeren Klappferriten resultiert nach Gleichung (3.22) ein Sättigungsstrom von näherungsweise 5,5 A (μ_r = 2400). Sind höhere Ströme erforderlich, muss auf größere Komponenten zurückgegriffen werden, bei denen eine größere mittlere Weglänge l vorliegt, oder es wird ein Luftspalt im Ringkern eingefügt, um auf diese Weise den Sättigungsstrom zu erhöhen.

4.1.4. Rauschquellen

Für die nachfolgenden Störfestigkeitsprüfungen wird hauptsächlich der Funktionsgenerator AFG 3252 von Tektronix benutzt. Dieser besitzt eine Samplingrate von 2 GSa/s sowie einen Innenwiderstand von 50 Ω und bietet die Möglichkeit, einige Standardfunktionen, weißes Rauschen und arbitrierte Funktionen zu erstellen. Die Anbindung über LAN an einem PC erlaubt die automatisierte Steuerung mittels MATLAB.

Die Einkopplung von Störungen erfolgt am 50 Ω-Messport einer Bordnetznachbildung. Nach der CISPR 25 besteht der Messport aus einem 1 kΩ Widerstand parallel zu einem 50 Ω Abschlusswiderstand, beziehungsweise parallel zu einem Messempfänger – oder wie in diesem Fall einem Funktionsgenerator – mit einem 50 Ω Innenwiderstand. Auf diese Weise ist sichergestellt, dass trotz des Innenwiderstandes des Funktionsgenerators die Impedanzverhältnisse des Versuchsaufbaus nicht verändert werden.

4.2. Experimentelle Ergebnisse

Mit Hilfe der oben beschriebenen Testumgebung werden im Folgenden Untersuchungen an eine PLC-Übertragungsstrecke vorgenommen. Zunächst wird die Störfestigkeit der Datenverbindung in Gegenwart von weißem Rauschen analysiert, um dabei den Einfluss der Kopplungsarten und Bordnetzverbraucher aufzuzeigen. Außerdem wird untersucht, inwiefern Impulse zu einer Störung der Datenübertragung beitragen. Anschließend legen weitere Messungen die Eigenschaften verschiedener Entkopplungsstrukturen dar. Eine Zusammenstellung der Ergebnisse schließt das Kapitel ab.

4.2.1. Übertragung bei weißem Rauschen

Für die folgenden Versuche wird der Aufbau aus Abbildung 4.7 verwendet. An der Bordnetznachbildung, an dem das Empfängermodem angeschlossen ist, wird ein näherungsweise weißes Rauschen mit Hilfe eines Funktionsgenerators eingespeist. Dabei wird der

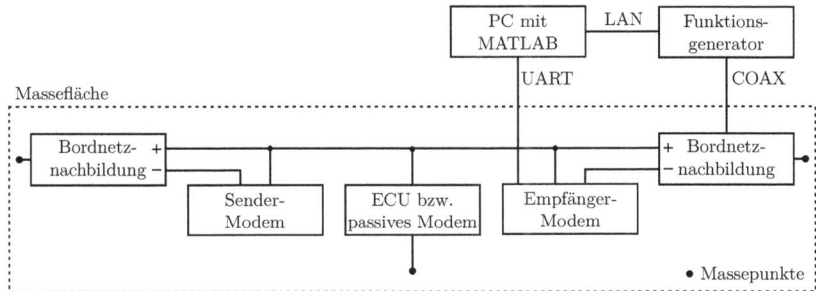

Abbildung 4.7: Blockdiagramm des Versuchsaufbaus für Störfestigkeitsprüfungen

Störpegel so lange erhöht, bis die Datenrate auf die Hälfte eingebrochen ist. Die Steuerung des Funktionsgenerators und die Auswertung der Datenrate erfolgt mit Hilfe von MATLAB. Verschiedene Kopplungsarten und unterschiedliche Situationen bezüglich der Verzweigungsstelle werden bei den Versuchen berücksichtigt. Abbildung 4.8 veranschaulicht die Ergebnisse.

Ein Störpegel von $-99\,\mathrm{dBm/Hz}$ reduziert die Datenrate bei der kapazitiven Kopplung um $50\,\%$ auf etwa $0{,}9\,\mathrm{Mbit/s}$. Umgerechnet auf eine Messbandbreite von $9\,\mathrm{kHz}$ bei einem $50\,\Omega$ Messsystem ergibt sich ein Störpegel von $48\,\mathrm{dB\mu V}$, der näherungsweise mit der Grenzwertlinie der Klasse 2 vergleichbar ist. Der messtechnisch ermittelte SNR am Empfängermodem liegt in diesem Fall bei circa $-10\,\mathrm{dB}$ (siehe Anhang B), was mit einer shannonschen Kanalkapazität von $3{,}6\,\mathrm{Mbit/s}$ korrespondiert. In der Praxis kann die theoretisch ermittelte Datenrate offenkundig nicht erreicht werden. Dies liegt daran, dass die Modulation und Kanalcodierung nicht optimal sind, die verwendeten Treiber der PLC-Modems nicht auf eine hohe Datenrate ausgelegt sind und infolge der spektralen Maske nur $90\,\%$ des angegebenen Frequenzbandes verwendet wird.

Ein direkter quantitativer Vergleich mit den simulativ ermittelten Datenraten aus Kapitel 3.3.3 kann darüber hinaus deswegen nicht erfolgen, weil es ohne Weiteres nicht möglich gewesen ist, die Sendeleistung der Modems mit der frequenzabhängigen Grenzwertlinie

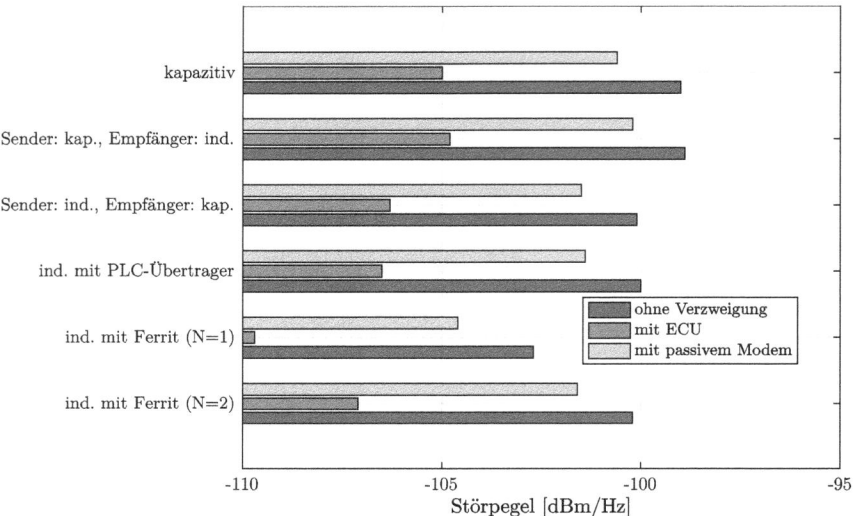

Abbildung 4.8: Störpegel des weißen Rauschens am Empfängermodem, der die Datenrate um 50 % reduziert, bei unterschiedlichen Kopplungsarten am Sender und Empfänger

nach Klasse 1 gleichzusetzen. Dennoch sind im Vergleich zu den Simulationen qualitativ ähnliche Ergebnisse zu beobachten. Wie zu erwarten haben Verzweigungen einen negativen Einfluss auf die Übertragungseigenschaften. Eine Verzweigung mit einem passiven Modem hat nach den Simulationen im Kapitel 3.3.1 eine Dämpfung von maximal 3 dB zur Folge; in den Versuchen macht sich dies in einem durchschnittlich 1,5 dB niedrigeren Störpegel bemerkbar, der notwendig ist, um die Datenrate einbrechen zu lassen. Bei einer Verzweigung mit einem Steuergerät sind im Durchschnitt etwa 6,4 dB niedrigere Störpegel zu beobachten, bedingt durch die höhere Dämpfung und den tiefen Einbruch in der Übertragungsfunktion infolge des kapazitiv wirkenden Steuergerätes.

Ein Vergleich der Versuche, in denen kapazitive und induktive Kopplungsarten zusammen verwendet werden, verdeutlicht, dass einzig die Kopplung am Sender-Modem das Maß der Störanfälligkeit festlegt; die Kopplungsstruktur am Empfängermodem ist hierbei unerheblich. Die Einspeisung eines definierten Störpegels an einer Bordnetznachbildung legt einen bestimmten SNR fest, der über die Koppelstruktur am Empfänger-Modem nicht wesentlich verändert wird und damit direkt am PLC-Chip den gleichen Wert aufweist.

Es kann somit festgehalten werden, dass Dämpfungen der Koppelstrukturen am Empfänger-Modem bis zu einen gewissem Maß nicht von Bedeutung sind. Dies wird zudem durch Versuche bestätigt, bei denen am Sender-Modem weißes Rauschen eingekoppelt wird. Hier beeinflussen die Übertragungsstrecke mit der Verzweigung und die Empfänger-Koppelstrukturen die Sende- und Rauschpegel gleichermaßen, womit der SNR konstant bleibt; einzig die Koppelstruktur am Sender-Modem legt in diesem Fall das Maß der Störanfälligkeit fest und ein Unterschied im Bezug auf Verzweigungen ist nicht festzustellen.

Die Messergebnisse zeigen außerdem, dass die induktive Kopplung im Vergleich zur kapazitiven Kopplung eine um 1,1 dB höhere Störanfälligkeit aufweist. Die oben ausgeführten Überlegungen und die Annahme, dass die kapazitive Kopplung selbst über keine nennenswerte Dämpfung verfügt, lassen die Schlussfolgerung zu, dass der verwendete PLC-Übertrager eine Dämpfung von im Durchschnitt 1,1 dB vorweist. Weiterhin ist es möglich, den kommerziellen PLC-Übertrager mit Hilfe von Ferriten zu ersetzen. Hierzu wird der Ferrit 74272733 von Würth aus Mangan-Zink verwendet [47]. Um ähnliche Ergebnisse wie beim kommerziellen Übertrager zu erzielen, sind jeweils zwei Windungen auf Primär- und Sekundärseite notwendig. Der Vorteil der größeren Bauweise liegt darin, dass der Ringkern erst bei höheren Strömen magnetisch gesättigt ist, sodass bei gleicher Kopplungsqualität im Vergleich zum kommerziellen PLC-Übertrager größere Ströme auf der Primärseite möglich sind.

4.2.2. Übertragung bei impulsartigen Störungen

Mit Hilfe von MATLAB und eines Funktionsgenerators werden arbitrierte Impulse erzeugt, die an der empfängerseitigen Bordnetznachbildung eingekoppelt werden; es handelt sich dabei um den gleichen Versuchsaufbau wie im vorherigen Kapitel. Um bei diesen Versuchen realitätsnahe Bedingungen zu schaffen, wird an der Verzweigungsstelle eine ECU-Nachbildung angeschlossen und als Impulse typische abklingende Schwingungen mit den Parametern aus Kapitel 3.1.3 verwendet. Für Aussagen bezüglich der Störfestigkeit der PLC-Übertragungsstrecke wird die Zykluszeit der Impulse für jeden Test auf einen festen Wert gesetzt und so lange reduziert, bis die Datenrate auf 50 % eingebrochen ist. Außerdem wird der Pegel des Hintergrundrauschens, ebenfalls durch den Funktionsgenerator erzeugt, variiert. Die Ergebnisse fasst Tabelle 4.1 zusammen.

Pegel des Hintergrund-rauschens [dBm/Hz]	Zykluszeit t_1 bei kapazitiver Kopplung [µs]	Zykluszeit t_1 bei induktiver Kopplung [µs]
ohne	11	20
-140	11	20
-135	11	20
-130	11	20
-125	12	20
-120	20	27
-115	30	60-80
-110	>1000	>1000

Tabelle 4.1: Zykluszeit von typischen abklingenden Schwingungen, bei der die Datenrate einbricht

Wie zu erwarten, ist die Datenübertragung bei der kapazitiven Kopplung robuster als bei der induktiven. Impulse können hier im Vergleich zur induktiven Kopplung mit der halben Zykluszeit aufeinander folgen, ohne dass die Datenrate komplett einbricht. Nach Kapitel 3.1.3 bewegt sich die Zykluszeit typischer Impulse im Intervall von 1 µs bis 100 ms. Nach den Messungen von [7] ist in 10 % der Fälle die Zykluszeit kleiner als 21 µs. Aus diesen Gründen kann erwartet werden, dass die PLC-Datenübertragung bei einem typischen Kfz-Störszenario ein Großteil der Zeit robust arbeitet – unter den Voraussetzungen, dass die Sendeleistung an Grenzwertklasse 1 der CISPR 25 angepasst ist und dass das Hintergrundrauschen unterhalb von $-115\,\mathrm{dBm/Hz}$ liegt. Bei einem Rauschpegel von $-110\,\mathrm{dBm/Hz}$ – dies ist der maximal im Kfz gemessene Wert der Autoren von [33], [13], [35], [2] – genügt bereits ein Impuls innerhalb 1 ms, um die Datenübertragung zu stören.

Impulse nach der Norm ISO 7637-2 [36] können nicht mit dem Funktionsgenerator erzeugt werden. Um dennoch eine Störschwelle messtechnisch zu ermitteln, werden die Amplitude und Zykluszeit des Impulses 3a/3b variiert, sodass diese innerhalb der Grenzen des Funktionsgenerators bleiben. Dies ist am Beispiel der kapazitiven Kopplung mit einer ECU an der Verzweigungsstelle realisiert worden und die Ergebnisse sind in der Abbildung 4.9 dargestellt.

Deutlich zu erkennen ist ein linearer Zusammenhang zwischen Zykluszeit t_1 und
Impulsamplitude A, denn diese beiden
Größen sind proportional zum Störpegel im Frequenzspektrum, wie die Überlegungen aus Kapitel 3.1.3 zeigen. Eine
lineare Regression ergibt die Beziehung
$A = 0{,}65\,\text{V}/\mu\text{s} \cdot t_1$, sodass keine stabile
Datenübertragung bei den Normimpulsen

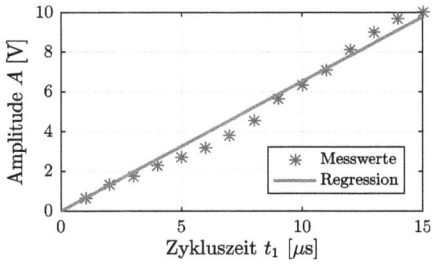

Abbildung 4.9: Störschwelle bei kapazitiver
Kopplung, Impulsform: 3a/3b nach ISO 7637-2
[36]

($A_{3a} = -150\,\text{V}$, $A_{3b} = 100\,\text{V}$ und $t_1 = 100\,\mu\text{s}$) zu erwarten ist. Dies ist in Einklang mit
dem Simulationen, denn der Störpegel der Impulse 3a/3b liegt mindestens 20 dB über der
Grenzwertlinie der Klasse 1, womit der SNR zu gering für eine robuste Datenübertragung
ist.

4.2.3. Messungen zu Entkopplungsstrukturen

Wie bereits gezeigt worden ist, haben niederohmige Verbraucher einen starken Einfluss
auf die PLC-Übertragung. Im Folgenden wird untersucht, wie ein Steuergerät entkoppelt
werden kann, das in den Versuchen durch eine Kapazität von 10 nF dargestellt und an der
Verzweigungsstelle in der Mitte der Übertragungsstrecke angeschlossen ist. Dazu werden
die im Kapitel 4.1.3 vorgestellten Entkopplungsvarianten verwendet: einfache Miniaturdrosseln und Klappferrite, die um die Zuleitung zum Verbraucher gelegt werden. Für einen
Vergleich der verschiedenen Entkopplungen wird derjenige Störpegel am Empfängermodem ermittelt, der die Datenrate auf die Hälfte einbrechen lässt – analog zu den oben
vorgestellten Versuchen. Die Ergebnisse sind in Abbildung 4.10 dargestellt.

Im Wesentlichen bestätigen die Versuche die Simulationsergebnisse aus Kapitel 3.3.2.
Eine radial bedrahtete Drossel der Serie EC24 mit einer Induktivität von 10 µH führt zu
einer nahezu vollständigen Entkopplung der ECU, denn es ist eine ähnliche Störanfälligkeit
zu beobachten wie ohne Verzweigung. Ähnliche Ergebnisse sind bei der Verwendung eines
30 mm langen Mangan-Zink-Klappferriten mit einer Wicklungszahl $N = 2$ zu beobachten.
Ein wesentlicher Unterschied zwischen der verwendeten Drossel und dem Ferriten ist dabei
der Sättigungsstrom. Bei Verbrauchern mit hohen Strömen sind Entkopplungsstrukturen

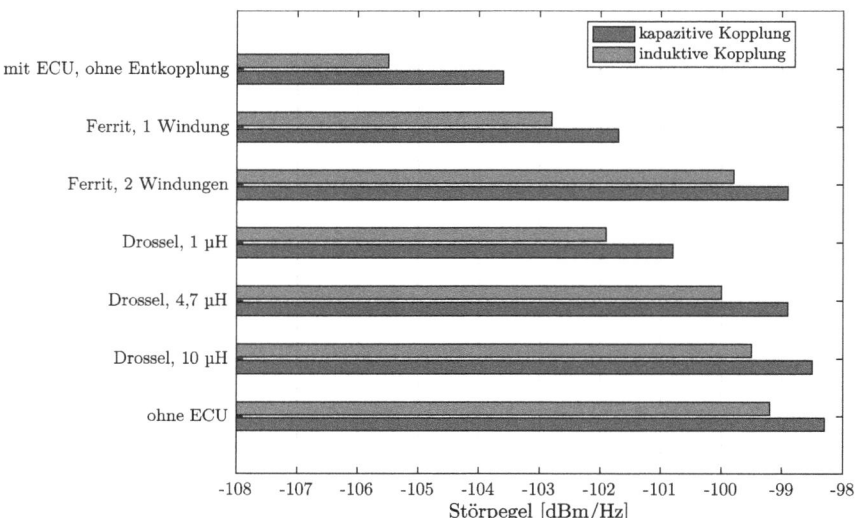

Abbildung 4.10: Störpegel des weißen Rauschens am Empfängermodem, der die Datenrate um 50 % reduziert, bei unterschiedlichen Entkopplungen der ECU an der Verzweigung

mit dementsprechend hohen Sättigungsströmen notwendig, sodass Miniaturdrosseln mit ihren geringen Nennströmen meist nicht ausreichend sind.

Für die messtechnische Bewertung der Entkopplungsstrukturen im Bezug auf die Möglichkeiten einer Bordnetz-Segmentierung wird der in Abbildung 4.11 gezeigte Versuchsaufbau bestehend aus zwei Subnetzwerken benutzt. Abbildung 4.12 zeigt die gemessenen

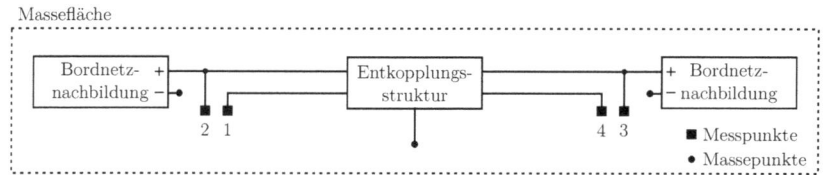

Abbildung 4.11: Blockdiagramm des Versuchsaufbaus für eine Bordnetz-Segmentierung

Transmissionsfaktoren zwischen den beiden Subnetzwerken; die Messungen innerhalb eines Subnetzwerks sind nicht dargestellt, da hierbei keine signifikante Beeinflussung durch die Entkopplungsstruktur festzustellen ist.

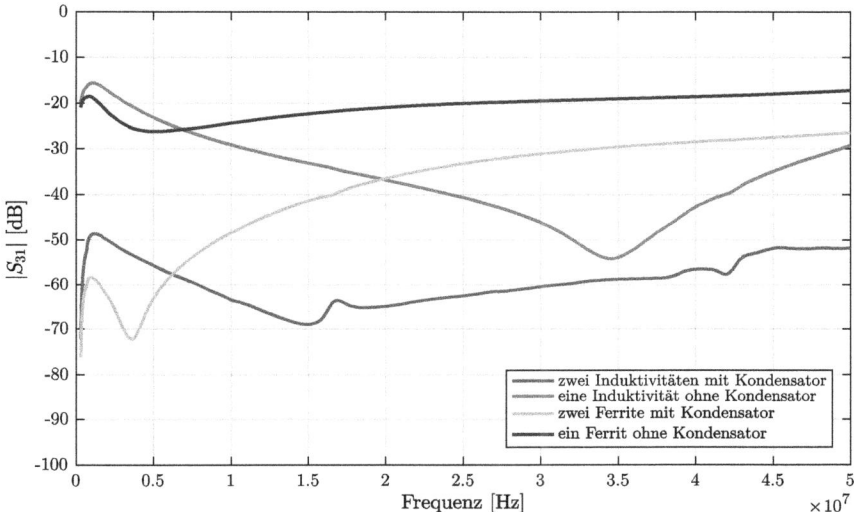

Abbildung 4.12: Gemessener Transmissionsfaktor S_{31} zwischen zwei entkoppelten Subnetzwerken

Die gemessenen Dämpfungen sind vor allem bei zunehmender Frequenz geringer als die Simulationsergebnisse aus Unterkapitel 3.3.2, was mit der Vernachlässigung parasitärer Effekte in den Simulationen zusammenhängt. Mit einer Dämpfung von 50 bis 70 dB ist die T-Schaltung bestehend aus zwei Induktivitäten mit $L_d = 10\,\mu H$ als Längselemente und einem Kondensator mit $C_d = 1\,\mu F$ als Querelement am besten geeignet für die Realisierung einer Entkopplungsstruktur. Von besonderer Bedeutung ist hierbei eine möglichst hohe Resonanzfrequenz der Induktivitäten, die in diesem Fall bei 15 MHz liegt, da andernfalls die Effekte der parasitären Kapazität im relevanten Frequenzbereich dominieren und zu einer geringeren Dämpfung führen. Die Verwendung von Ferriten als Längselemente führt insbesondere bei zunehmender Frequenz zu einer deutlichen Reduzierung der Dämpfung und ist aus diesem Grund nur bedingt für eine Bordnetz-Segmentierung geeignet. Des Weiteren legen die Messungen den Schluss nahe, dass ein Fehlen der Kapazität als Querelement nicht zu empfehlen ist. In diesem Fall sind nur Dämpfungen möglich, die sich im Bereich derer innerhalb eines Subnetzwerkes bewegen, sodass eine Segmentierung nicht gegeben ist.

4.2.4. Ergebnis

Die Messungen zeigen, dass die Powerline-Technologie mit einer Bandbreite von 26 MHz Datenraten im einstelligen Mbit/s-Bereich erzielen kann, wenn die Sendeleistung nach Klasse 1 der CISPR 25 Norm angepasst wird, während Störemissionen auf Klasse 2 beschränkt sind. Dies entspricht in den Versuchen einem SNR von $-10\,\text{dB}$. Weiterhin ist in Gegenwart von typischen Impulsen eine stabile Datenübertragung zu erwarten, solange das Hintergrundrauschen einen Pegel von $-115\,\text{dBm/Hz}$ nicht übersteigt.

Grundsätzlich ist dabei die verlustarme kapazitive Koppelstruktur zu bevorzugen. Jedoch besteht das Problem, dass in unmittelbarer Nähe zu niederohmigen Verbrauchern, wie ein Steuergerät, eine Entkopplung des Verbrauchers erfolgen muss. Dies ist bei der induktiven Kopplung nicht erforderlich; hier ist ein niederohmiger Verbraucher sogar erwünscht. Allerdings wird in diesem Fall das PLC-Signal um 1 dB gedämpft und der Übertrager muss entsprechend der Lastströme des Verbrauchers ausgelegt sein. Wird ein Modem jedoch nur als Empfänger benutzt, ist die Wahl der Koppelstruktur nicht von Bedeutung; die Messungen haben hier keinen Einfluss auf die Störfestigkeit gezeigt.

Um bessere Übertragungseigenschaften zu gewährleisten, ist es außerdem empfehlenswert, insbesondere niederohmige Verbraucher im Bordnetz zu entkoppeln. Dazu eignen sich in Reihe geschaltete Induktivitäten mit einem Wert von 10 µH oder Klappferrite mit zwei Windungen. Ein wichtiges Kriterium zur Auslegung dieser Entkopplung ist der Strom des Verbrauchers, denn höhere Ströme erfordern größere und schwerere Entkopplungsstrukturen mit höheren Sättigungsströmen. Dies betrifft zudem die Entkopplung eines Bordnetzes in mehrere Subnetzwerke. Um Dämpfungen zwischen 50 und 70 dB zu erzielen, sind ein 1 µF Kondensator und zwei 10 µH Induktivitäten in T-Schaltung notwendig, die für hohe Bordnetzströme ausgelegt sein müssen.

Es hängt damit vom konkreten Anwendungsfall ab, inwieweit die Vorteile der PLC-Technologie die Nachteile überwiegen. Für die Kommunikation zwischen Steuergerät und Sensoren ist PLC beispielsweise besonders gut geeignet, da keine hohen Ströme fließen, womit Entkopplungsstrukturen und induktive Koppelnetzwerke gewichtssparend implementiert werden können. Außerdem ist eine Entkopplung vom restlichen Bordnetz realisierbar, die ein eigenständiges Subnetzwerk aus Steuergerät und Sensoren ermöglicht und dabei ein geringes Gewicht aufweist. Somit bietet die PLC-Technologie in diesem Fall den großen Vorteil der Gewichts- und Kosteneinsparung.

Um in anderen Fällen große und schwere Entkopplungsstrukturen zu vermeiden, um so die Vorteile der PLC nutzen zu können, gibt es mehrere Möglichkeiten. Bezüglich der Bordnetz-Segmentierung eignen sich Multiplexverfahren als Alternative, also die Aufteilung des Zeit- oder Frequenzbereichs in mehrere Kanäle. Dies hat jedoch den Nachteil einer geringeren Datenrate. Um die Entkopplung von Verbrauchern kleiner und gewichtssparender zu gestalten, kann zum Beispiel ein Luftspalt in einem Ferrit eingefügt werden, der den Sättigungsstrom anhebt. Oder es wird auf eine Entkopplung verzichtet und die Datenrate und Störsicherheit der PLC-Übertragung wird durch einen größeren Signal-Rausch-Abstand oder ein breiteres Frequenzband erhöht. Hierbei sind EMV-Aspekte zu berücksichtigen, wie geschützte Frequenzbänder und Grenzwerte, die beispielsweise in der CISPR 25 Norm definiert sind. Alles in allem ist die PLC-Technologie eine vielversprechende Technik, die im Automobil-Bereich das Potential einer Alternative oder Ergänzung zu herkömmlichen Bussystemen besitzt.

5. Zusammenfassung und Ausblick

In dieser Arbeit wurden die Möglichkeiten und Herausforderungen für den Einsatz einer breitbandigen PLC-Kommunikation im Kfz erörtert. Insbesondere wurde dabei die Störsicherheit einer Datenübertragung im Hinblick auf unterschiedliche Koppelnetzwerkstrukturen und Störeinflüsse, wie Rauschen, Impulse oder Verzweigungen im Bordnetz, untersucht.

Zunächst wurden allgemeine Grundlagen von Kommunikationssystemen beschrieben. Darauf aufbauend wurde die Powerline-Technologie erläutert, um diese anschließend in das Umfeld der Kfz-Bussysteme einzuordnen. Im Anschluss erfolgte eine detaillierte Analyse eines Bordnetzes; es wurden Übertragungseigenschaften untersucht sowie ein geeignetes Bordnetzmodell vorgestellt. Ein weiterer Aspekt der Untersuchungen waren impulsartige Störungen, die im Hinblick auf ihr Störpotential bewertet wurden. Anschließend erfolgte der Entwurf der Koppelnetzwerk- und Entkopplungsstrukturen, die in den darauffolgenden Simulationen näher untersucht wurden.

Es zeigte sich, dass die kapazitive Kopplung die geringsten Verluste aufweist; die induktive Kopplung jedoch in Reihe zu niederohmigen Verbrauchern Vorteile bietet, da hier keine Entkopplung des Verbrauchers vorgenommen werden muss, wie es bei einer kapazitiven Kopplung in unmittelbarer Nähe zum Verbraucher der Fall ist. Um in einem Frequenzband von 2 bis 28 MHz Datenraten im Mbit/s-Bereich erzielen zu können, sind auf Basis der Simulationsergebnisse Störpegel unterhalb der Klasse 2 nach der Norm CISPR 25 notwendig, während der Sendepegel der Klasse 1 entspricht. Außerdem sind niederohmige Verbraucher im Bordnetz zu entkoppeln, um hohe Datenraten erzielen zu können.

Die simulativ ermittelten Erkenntnisse wurden mit Hilfe von Evaluationsboards mit PLC-Modems, spezifiziert nach HomePlug Green PHY, verifiziert. Es stellte sich heraus, dass in der Praxis Datenraten über 1 Mbit/s erzielt werden können, wenn ein SNR größer $-10\,\mathrm{dB}$ vorliegt. Dies entspricht in dem Versuchsaufbau einer Beschränkung des Störpegels auf Klasse 2, was in Einklang mit den Simulationen ist. Versuche mit impulsartigen Störungen ließen weiterhin die Schlussfolgerung zu, dass eine robuste Kommunikation unter typischen Störeinflüssen größtenteils gegeben ist.

Ein Vergleich der Koppelnetzwerkstrukturen zeigte, dass die kapazitive Kopplung äußerst einfach zu realisieren ist und fast keine Verluste aufweist. Die induktive Kopplung wurde in den Versuchen durch einen kommerziellen PLC-Übertrager oder einen mit zwei Windungen versehenen Klappferrit, der einen höheren Sättigungsstrom aufweist, realisiert. Diese Kopplungsart besitzt eine Dämpfung von 1 dB, erfordert jedoch keine Entkopplung des nahegelegenen niederohmigen Verbrauchers, da es zu ebendiesen in Reihe liegt. Eine Entkopplung ist insbesondere bei niederohmigen Verbrauchern in unmittelbarer Nähe von kapazitiven Koppelstrukturen erforderlich; allerdings waren auch Vorteile zu beobachten, wenn Verbraucher an Verzweigungsstellen mit Induktivitäten größer 1 µH entkoppelt wurden. Darüber hinaus zeigten Entkopplungsstrukturen Dämpfungen von 50 bis 70 dB, wenn sie für die Segmentierung von Bordnetzen verwendet wurden. Da jedoch Entkopplungen, vor allem bei hohen Strömen, groß und schwer sind, muss dies mit der Gewichtseinsparung, das das Ziel der PLC-Technik ist, abgewogen werden.

Zusammenfassend betrachtet besitzt die breitbandige PLC-Technologie das Potential, mit äußerst geringem SNR höhere Datenraten als CAN-High-Speed erzielen zu können. Es ist damit ausgezeichnet geeignet, eine Rückfallebene oder ein Ersatz für CAN-Netzwerke zu bilden. Um die Störsicherheit der Datenkommunikation zu gewährleisten, muss ein genügend hoher SNR sichergestellt sein. Dazu sollte in nachfolgenden Arbeiten untersucht werden, inwiefern EMV-Spezifikationen für eine PLC-Übertragung im Kfz angepasst werden können. Beispielsweise könnten insbesondere außerhalb geschützter Frequenzbänder höhere PLC-Sendepegel erlaubt werden, um den SNR und damit die Datenrate zu erhöhen. Eine weitere Möglichkeit, die Störsicherheit zu steigern, besteht in der Anpassung des PHY- und MAC-Layers an die Gegebenheiten im Kfz. Zum Beispiel könnte die Symboldauer und der Interleaver, der die Symbole über die Zeit und Frequenz aufteilt, an Kfz-typische Impulsbreiten und -abstände angepasst werden, um so eine geringere Störanfälligkeit zu gewährleisten. Für die Entwicklung hin zu einem für den Automotive-Bereich angepassten PLC-Modem sind außerdem Fragestellungen bezüglich der optimalen Bandbreite und Sendeleistung sowie des idealen Modulationsverfahrens zu beantworten. Weitere Untersuchungen sind darüber hinaus bezüglich der Echtzeitfähigkeit sinnvoll. Hier sind insbesondere Übertragungs-Latenz und -Jitter von besonderer Bedeutung für die Anwendung.

Literaturverzeichnis

[1] LEEN, G. ; HEFFERNAN, D.: Expanding automotive electronic systems. In: *IEEE Computer* (2002), S. 88–93

[2] SCHIFFER, A.: *Entwurf und Bewertung eines Systems zur Datenübertragung mittels der Energieversorgungsleitungen im Kraftfahrzeug*, Technische Universität München - Lehrstuhl für Integrierte Schaltungen, Dissertation, 2001

[3] ARABIA, E. ; CIOFI, C. ; CONSOLI, A. ; MERLINO, R. ; TESTA, A.: Electromechanical actuators for automotive applications exploiting power line communication. In: *Power Electronics, Electrical Drives, Automation and Motion (SPEEDAM)*, IEEE, 2006, S. 909–914

[4] DE CARO, S. ; TESTA, A. ; LETOR, R.: A Power Line Communication approach for body electronics modules. In: *Power Electronics and Applications*, IEEE, 2009, S. 1–10

[5] YAMAR ELECTRONICS LTD.: *Automotive Power Line Communication.* – [Online] Verfügbar unter: http://www.yamar.com/automotive [zuletzt abgerufen am 06.07.2016]

[6] GOURET, W. ; NOUVEL, F. ; EL-ZEIN, G.: Additional Network Using Automotive Powerline Communication. In: *ITS Telecommunications (ITST)*, IEEE, 2006, S. 1087–1089

[7] DEGARDIN, V. ; LIENARD, M. ; DEGAUQUE, P. ; LALY, P.: Performances of the HomePlug PHY layer in the context of in-vehicle powerline communications. In: *Power Line Communications and Its Applications (ISPLC)*, IEEE, 2007, S. 93–97

[8] STIEGLER, F. ; DOSTERT, K. ; SCHIRMER, J. ; ENDERS, T.: Konzept einer neuartigen Bordnetzstruktur für den Einsatz von Powerline-Kommunikation im Kfz. In: *Frequenz* (2002), Nr. 5-6, S. 126–132

[9] HUCK, T. ; SCHIRMER, J. ; DOSTERT, K.: Tutorial about the implementation of a vehicular high speed communication system. In: *Power Line Communications and Its Applications (ISPLC)*, IEEE, 2005, S. 162–166

[10] OUANNES, I. ; NICKEL, P. ; DOSTERT, K.: Cell-wise monitoring of Lithium-ion batteries for automotive traction applications by using power line communication: battery modeling and channel characterization. In: *Power Line Communications and its Applications (ISPLC)*, IEEE, 2014, S. 24–29

[11] LIENARD, M. ; CARRION, M. O. ; DEGARDIN, V. ; DEGAUQUE, P.: Modeling and Analysis of In-Vehicle Power Line Communication Channels. In: *IEEE Transactions on Vehicular Technology* 57 (2008), Nr. 2, S. 670–679

[12] OBERLEITHNER, E. ; HANIK, N.: Impact of System Components on an Automotive PLC Channel. In: *Vehicular Technology Conference*, IEEE, 2014, S. 1–5

[13] DEGARDIN, V. ; LIENARD, M. ; DEGAUQUE, P. ; SIMON, E.: Impulsive Noise Characterization of In-Vehicle Power Line. In: *IEEE Transactions on Electromagnetic Compatibility* 50 (2008), Nr. 4, S. 861–868

[14] GUERRIERI, L. ; MASERA, G. ; STIEVANO, I. S. ; BISAGLIA, P. ; VALVERDE, W. R. G. ; CONCOLATO, M.: Automotive Power-Line Communication Channels: Mathematical Characterization and Hardware Emulator. In: *IEEE Transactions on Industrial Electronics* 63 (2016), Nr. 5, S. 3081–3090

[15] GRASSI, F. ; PIGNARI, S. ; WOLF, J.: Design and SPICE simulation of coupling circuits for powerline communications onboard spacecraft. In: *Aerospace EMC*, IEEE, 2012, S. 1–6

[16] KOSONEN, A. ; AHOLA, J.: Comparison of signal coupling methods for power line communication between a motor and an inverter. In: *IET Electric Power Applications* 4 (2010), Nr. 6, S. 431–440

[17] WERNER, M.: *Nachrichtentechnik - Eine Einführung für alle Studiengänge*. Vieweg + Teubner, 2010

[18] FERREIRA, H. C. ; LAMPE, L. ; NEWBURY, J. ; SWART, T. G.: *Power Line Communications: Theory and Applications for Narrowband and Broadband Communications over Power Lines*. John Wiley & Sons, 2010

[19] DOSTERT, K.: *Powerline Kommunikation - Smart Home-Gebäudeautomatisierung, Internet aus der Steckdose, EMV-Aspekte.* Franzis, 2000

[20] DEVOLO: *Powerline für die E-Mobilität - Innovative Ladekommunikation mit dLAN Green PHY.* – [Online] Verfügbar unter: `https://www.devolo.de/fileadmin/user_upload/Business_Solution/Download/Powerline_Pro/dLAN_R__Green_PHY_Module/Powerline-fuer-die-E-Mobilitaet-dLAN-Green-PHY-Module-de.pdf` [zuletzt abgerufen am 30.06.2016]

[21] JONES, C. H.: Communications over aircraft power lines. In: *Power Line Communications and its Applications (ISPLC)*, IEEE, 2006, S. 149–154

[22] GALLI, E. S. ; BANWELL, T. ; WARING, D.: Power line based LAN on board the NASA space shuttle. In: *Vehicular Technology Conference* Bd. 2, IEEE, 2004, S. 970–974

[23] AUTOWATCH UK: *Caravan / Trailer Reversing System - AW3000.* – [Online] Verfügbar unter: `http://autowatch.co.uk/products/reversing-systems/27-caravan-trailer-reversing-system-aw3000` [zuletzt abgerufen am 18.07.2016]

[24] LATCHMAN, H. A. ; KATAR, S. ; YONGE III, L. W. ; GAVETTE, S.: *HomePlug AV and IEEE 1901 - A Handbook for PLC Designers and Users.* John Wiley & Sons - IEEE Press, 2013

[25] HD-PLC ALLIANCE: *Originalities of HD-PLC.* – [Online] Verfügbar unter: `http://www.hd-plc.org/modules/about/hdplc3.html` [zuletzt abgerufen am 11.07.2016]

[26] HOMEGRID FORUM: *G.hn Overview.* – [Online] Verfügbar unter: `http://www.homegridforum.org/content/pages.php?pg=about_ghn_overview` [zuletzt abgerufen am 11.07.2016]

[27] BMW GROUP: *Konsortium für neuen Bordnetz-Standard im Fahrzeug gegründet.* Pressemitteilung, 2001. – Verfügbar unter: `https://www.press.bmwgroup.com/deutschland/article/detail/T0005790DE/konsortium-fuer-neuen-bordnetz-standard-im-fahrzeug-gegruendet?language=de` [zuletzt abgerufen am 15.07.2016]

[28] YAMAR ELECTRONICS LTD.: *DCB1M - Transceiver for Powerline Communicati-on.* – [Datenblatt] Verfügbar unter: `http://yamar.com/datasheet/DS-DCB1M.pdf` [zuletzt abgerufen am 15.07.2016]

[29] REIF, K.: *Batterien, Bordnetze und Vernetzung.* Vieweg + Teubner, 2010

[30] BARMADA, S. ; RAUGI, M. ; TUCCI, M. ; MARYANKA, Y. ; AMRANI, O.: PLC systems for electric vehicles and Smart Grid applications. In: *Power Line Communications and its Applications (ISPLC)*, IEEE, 2013, S. 23–28

[31] ZINKE, O. ; VLCEK, A.: *Lehrbuch der Hochfrequenztechnik - Bd. 1. Hochfrequenzfilter, Leitungen, Antennen.* Springer, 1990

[32] SCHWAB, A. J. ; KÜRNER, W.: *Elektromagnetische Verträglichkeit.* Springer, 2007

[33] MOHAMMADI, M. ; LAMPE, L. ; LOK, M. ; MIRABBASI, S. ; MIRVAKILI, M. ; ROSA-LES, R. ; VAN VEEN, P.: Measurement study and transmission for in-vehicle power line communication. In: *Power Line Communications and its Applications (ISPLC)*, IEEE, 2009, S. 73–78

[34] Norm CISPR 25 2008. *Vehicles, boats and internal combustion engines - Radio disturbance characteristics - Limits and methods of measurement for the protection of on-board receivers*

[35] NOUVEL, F. ; TANGUY, P. ; PILLEMENT, S. ; PHAM, H.M.: Experiments of In-Vehicle Power Line Communication. In: *Advances in Vehicular Networking Technologies* (2011)

[36] Norm ISO 7637-2 März 2011. *Road vehicles - electrical disturbances from conduction and coupling - Part 2: Electrical transient conduction along supply lines only*

[37] BRONSTEIN, I. N. ; SEMENDJAJEW, K. A. ; MUSIOL, G. ; MÜHLIG, H.: *Taschenbuch der Mathematik.* Harri Deutsch, 2006

[38] KONZERN NORM BMW AG: *Elektromagnetische Verträglichkeit (EMV) Anforderungen und Prüfungen.* GS 95002, Oktober 2004

[39] VOLKSWAGEN AG: *EMV von Kfz-Elektronikbauteilen.* TL 81000, April 2014

[40] FISCHER, H. ; HOFMANN, H. ; SPINDLER, J.: *Werkstoffe in der Elektrotechnik - Grundlagen, Aufbau, Eigenschaften, Prüfung, Anwendung, Technologie.* Carl Hanser, 2000

[41] FAIR-RITE PRODUCT CORP.: *Material Data Sheet.* – [Online] Verfügbar unter: http://www.fair-rite.com/43-material-data-sheet/ und http://www.fair-rite.com/73-material-data-sheet/ [zuletzt abgerufen am 23.09.2016]

[42] FROHNE, H. ; LÖCHERER, K.-H. ; MÜLLER, H. ; HARRIEHAUSEN, T. ; SCHWAR-ZENAU, D.: *Moeller - Grundlagen der Elektrotechnik.* Vieweg + Teubner, 2011

[43] MCLYMAN, C.: *Transformer and Inductor Design Handbook - Third Edition, Revised and Expanded.* Dekker, 2004

[44] I2SE: *PLC Stamp 1.* – [Online] Verfügbar unter: https://www.i2se.com/product/plc-stamp-1/ [zuletzt abgerufen am 23.06.2016]

[45] HOMEPLUG POWERLINE ALLIANCE, INC.: *HomePlug GREEN PHY Specification - Release Version 1.1.* 2012

[46] VACUUMSCHMELZE: *PLC-Übertrager T60403-K4031-X008.* – [Datenblatt] Verfügbar unter: https://www.buerklin.com/medias/sys_master/download/download/hf6/hb7/8891989393438.pdf [zuletzt abgerufen am 08.07.2016]

[47] WÜRTH ELEKTRONIK: *STAR-FIX LFS Snap Ferrite for suppression in the low frequency range - Order No 74272733.* – [Datenblatt] Verfügbar unter: https://katalog.we-online.de/pbs/datasheet/74272733.pdf [zuletzt abgerufen am 28.09.2016]

[48] CONRAD ELECTRONIC SE: *Specification for approval - Product name: EC24XXXX-XXXXXX.* – [Datenblatt] Verfügbar unter: http://www.produktinfo.conrad.com/datenblaetter/525000-549999/535729-da-01-en-DROSSEL_10_UH.pdf [zuletzt abgerufen am 11.10.2016]

Abbildungsverzeichnis

2.1. Wichtige Komponenten eines Übertragungssystems (in Anlehnung an [17, Bild 1-3]) 3

2.2. Kopplungsarten für die Überlagerung des Datensignals mit dem Energiesignal 7

3.1. Wellenwiderstand Z_W in Abhängigkeit der Höhe h und des Kabelquerschnitts A bei $\epsilon_r = 1$ (nach Gleichung (3.3)) 18

3.2. Prinzipschaltbild eines Zweitors 20

3.3. Gemessener Transmissionsfaktor für drei verschiedene Pfade, Elektronik und Licht eingeschaltet [33] 21

3.4. Bordnetzmodell ($Z = 300\,\Omega$, $l_1 = 0{,}75\,\text{m}$, $l_2 = 0{,}5\,\text{m}$) 22

3.5. Transmissionfaktor (a) und Zugangsimpedanz (b) des Bordnetzmodells . . 23

3.6. Einhüllende Frequenzspektren verschiedener Störungen und interpolierte Grenzwerte nach CISPR 25 (RBW $= 9\,\text{kHz}$) 28

3.7. Kapazitive Kopplung eines PLC-Signals auf die Energieversorgungsleitung eines Kfz-Bordnetzes in Gegenwart eines Steuergerätes 31

3.8. Entkopplungsstruktur für Bordnetz-Segmentierung 33

3.9. Komplexe Permeabilität μ in Abhängigkeit der Frequenz für typische EMV-Ferrite aus dem Material 73 (MnZn) und 43 (NiZn) von Fair-Rite [41] . . . 35

3.10. Induktive Kopplung eines PLC-Signals auf die Energieversorgungsleitung eines Kfz-Bordnetzes in Gegenwart eines Steuergerätes; verlustloser Übertrager mit Streuung als Ersatzschaltbild 37

3.11. Gemittelte Übertragungsfunktion in Abhängigkeit des Modem-Innenwiderstandes 40

3.12. Übertragungsfunktionen mit kapazitiven und induktiven Koppelnetzwerken sowie ohne Koppelnetzwerk bei verschiedenen Konfigurationen 41

3.13. Übertragungsfunktionen der kapazitiven Kopplung mit verschiedenen Entkopplungen der ECU 43

3.14. Gemittelte Übertragungsfunktionen ohne Koppelnetzwerk mit verschiedenen Entkopplungen der ECU an der Verzweigungsstelle 44

3.15. Bordnetzmodell mit einer Entkopplungsstruktur für die Realisierung von zwei Subnetzwerken ($Z = 300\,\Omega$, $l_1 = 0{,}75\,\text{m}$, $l_2 = 0{,}25\,\text{m}$) 45

3.16. Transmissionsfaktor S_{21} (gepunktete Linie) und S_{31} (durchgezogene Linie) bei der Bordnetz-Segmentierung 46

3.17. Übertragungsfunktion der kapazitiven und induktiven Koppelnetzwerk-struktur 48

3.18. Maximale Datenrate bei einer Bandbreite von 26 MHz 50

4.1. Foto des verwendeten gesamten Versuchsaufbaus 54

4.2. Foto des Evaluationsboards „PLC Stamp 1" 54

4.3. Blockdiagramm des „PLC Stamp 1" [44] 55

4.4. An der Netznachbildung gemessenes Spektrum des Evaluationsboards mit einer Dämpfung von 30 dB (RBW=9 kHz, VBW=10 kHz, Sweep-Time=40 s) 57

4.5. Kapazitive (a) und induktive (b) Koppelstruktur 58

4.6. Übertragungsfunktionen der verschiedenen Koppelnetzwerke bei einem beidseitigen Abschluss mit $R_i = 150\,\Omega$ (aus gemessenen Transmissionsfaktoren berechnet) 59

4.7. Blockdiagramm des Versuchsaufbaus für Störfestigkeitsprüfungen 61

4.8. Störpegel des weißen Rauschens am Empfängermodem, der die Datenrate um 50 % reduziert, bei unterschiedlichen Kopplungsarten am Sender und Empfänger 62

4.9. Störschwelle bei kapazitiver Kopplung, Impulsform: 3a/3b nach ISO 7637-2 [36] 65

4.10. Störpegel des weißen Rauschens am Empfängermodem, der die Datenrate um 50 % reduziert, bei unterschiedlichen Entkopplungen der ECU an der Verzweigung 66

4.11. Blockdiagramm des Versuchsaufbaus für eine Bordnetz-Segmentierung . . . 66

4.12. Gemessener Transmissionsfaktor S_{31} zwischen zwei entkoppelten Subnetzwerken 67

A.1. An Prüflingsseite gemessene Impedanz der beiden verwendeten Bordnetznachbildungen und Toleranz nach CISPR 25 XVI

A.2. Messung des Transmissionsfaktors im Vergleich zu den Simulationsergebnissen, mit und ohne ECU in der Verzweigung XVI

A.3. Messung der Zugangsimpedanz im Vergleich zu den Simulationsergebnissen, mit und ohne ECU in der Verzweigung XVII

B.1. Gemessene Eingangsimpedanz der beiden PLC-Evaluationsboards XVIII

B.2. Notwendiger SNR für eine Datenrate von etwa 1 Mbit/s, Rauschen und Sendeleistung separat gemessen und subtrahiert XVIII

Tabellenverzeichnis

2.1. Übersicht über die wichtigsten PLC-Technologien 9

2.2. Übersicht über die im Kfz eingesetzten Bussysteme 13

3.1. Eigenschaften ausgewählter Impulse nach ISO 7637-2 [36] 25

3.2. Eigenschaften verschiedener Klassen von im Kfz gemessenen, abklingenden
Schwingungen [13], [14] 26

3.3. Theoretisch maximale Datenrate in Mbit/s im Frequenzbereich 2 bis
28 MHz, Sendeleistung nach AV-Grenzwert Klasse 1 (CISPR 25) 51

4.1. Zykluszeit von typischen abklingenden Schwingungen, bei der die Datenrate einbricht 64

A. Messungen zum Grundaufbau

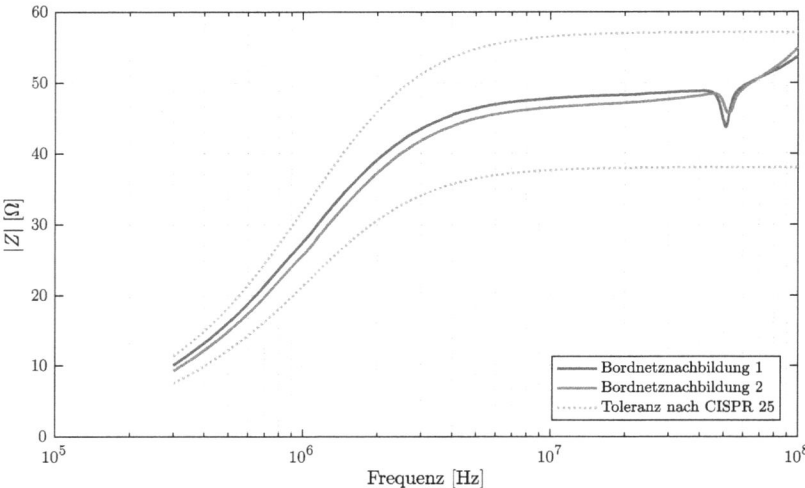

Abbildung A.1: An Prüflingsseite gemessene Impedanz der beiden verwendeten Bordnetznachbildungen und Toleranz nach CISPR 25

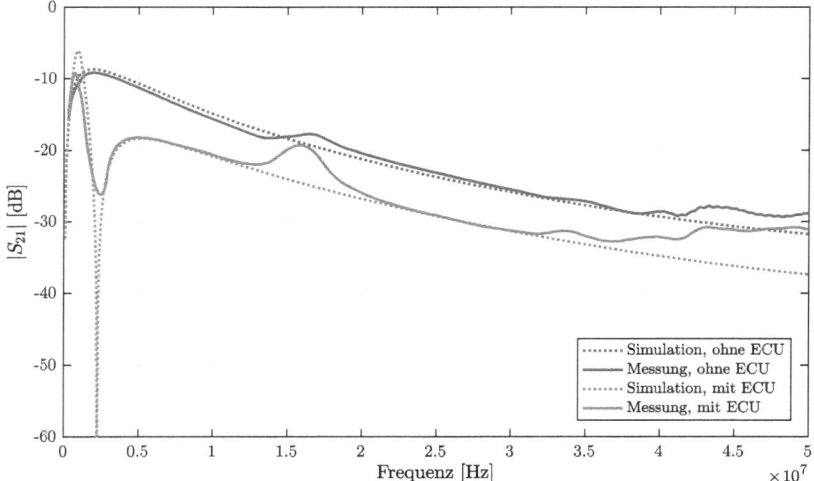

Abbildung A.2: Messung des Transmissionsfaktors im Vergleich zu den Simulationsergebnissen, mit und ohne ECU in der Verzweigung

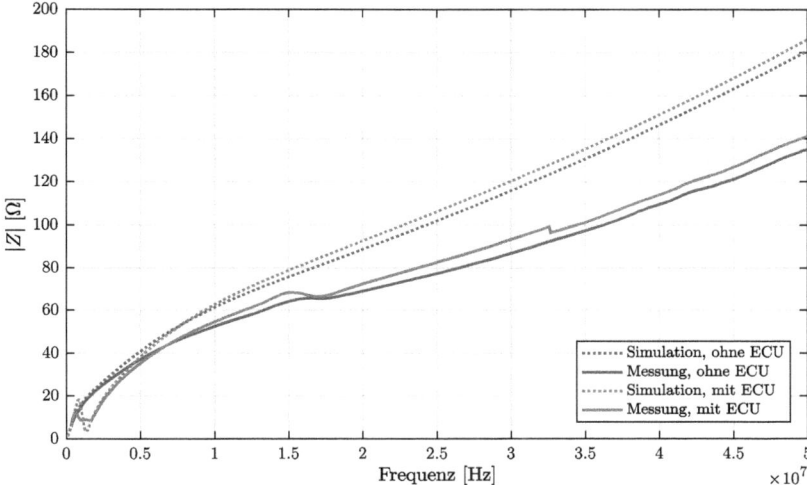

Abbildung A.3: Messung der Zugangsimpedanz im Vergleich zu den Simulationsergebnissen, mit und ohne ECU in der Verzweigung

B. Messungen zum PLC-Modem

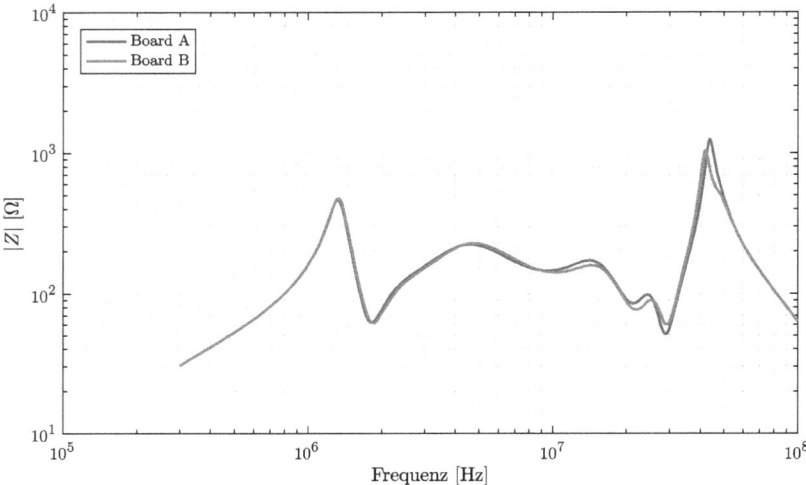

Abbildung B.1: Gemessene Eingangsimpedanz der beiden PLC-Evaluationsboards

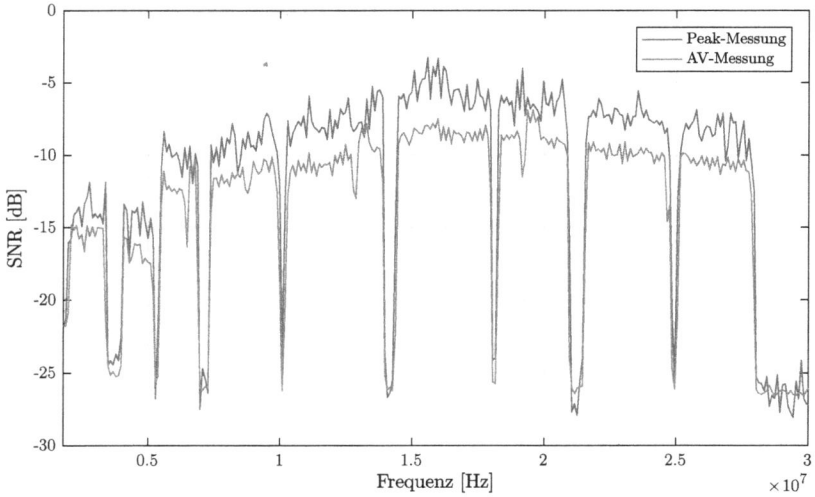

Abbildung B.2: Notwendiger SNR für eine Datenrate von etwa 1 Mbit/s, Rauschen und Sendeleistung separat gemessen und subtrahiert

Lightning Source UK Ltd.
Milton Keynes UK
UKHW012224060619
344014UK00001B/53/P